大开眼界系列百

高清手绘版

史前生物的 360个奥秘

稚子文化/编绘

吉林出版集团股份有限公司 | 全国百佳图书出版单位

前言
Preface

　　从浩瀚宇宙中旋转的行星，到精密仪器下现身的菌落，万物都有着专属于自己的独特秘密；从原始部落里袅袅升起的烟火，到信息时代中不断飞奔的代码，历史总在我们意想不到时悄然蜕变；从史前生命进化至哺乳动物，再到人类，生命的旷世力量在漫长的岁月中蓄力爆发；从拉着马车缓慢行走，到体验飞行带给我们的便利，科学的神奇催生着一个又一个时代的变迁；从观测天象预报未来的阴晴，到淘金未果却捧红牛仔裤的巨大反转，世界因细节的改变而更加丰富多彩、魅力无限……

　　小朋友，如果你刚好对世界的每一个角落都充满好奇，如果你也像科学家一样善于观察，乐于思考，或者想知道

目录  contents

课本以外的广袤天地，那么，这套"大开眼界系列百科"将是你最好的选择。本套丛书分为《宇宙地球的360个奥秘》《人类社会的360个奥秘》《史前生物的360个奥秘》《动物植物的360个奥秘》四册。相对于其他的百科书而言，本套丛书中并没有太多生涩难懂的词语，而是另辟新路，采用分别列举知识点的形式来告诉孩子这个世界的千姿百态。除此之外，每一册图书都有它的主题，每一个主题精选了这一领域最令人惊奇的知识，它们可能是鲜为人知的秘密，又或是令人诧异的发现，也可能是些简单的原理揭示，相信小朋友读后一定会对这一领域有整体的认知，并激发阅读的兴趣。

书中知识话题的跳跃性较强，打破了传统百科书固有的框架结构，小朋友的思维也会跟随着阅读而不断发散和跳跃，想象力和思维能力也会得到相应的提升。另外，书中还配有颜色鲜艳、生动立体的图画，让孩子不再只面对枯燥的文字，而是在欣赏精美图画的过程中，感受知识的力量。

还在等什么？马上翻开下一页，去探索未知的世界吧！

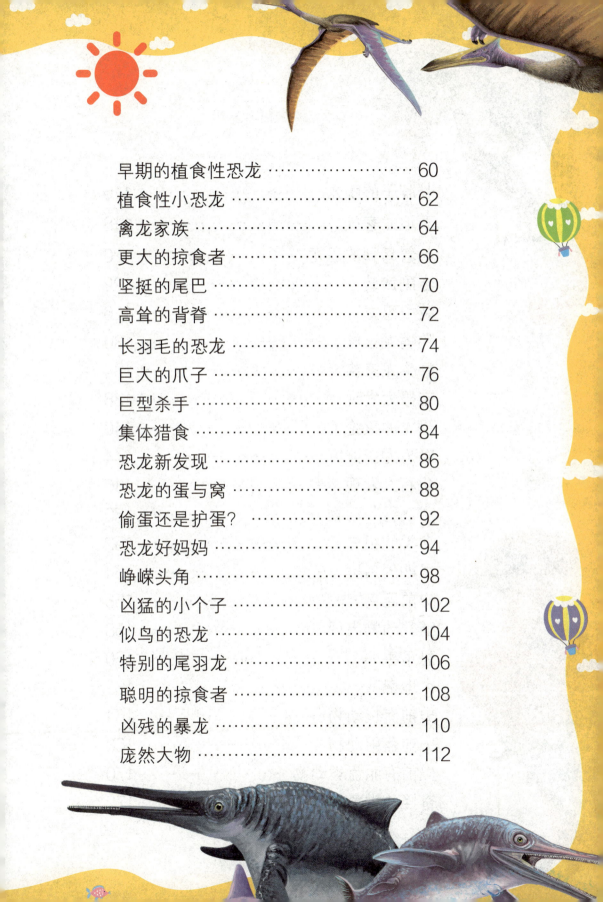

地质史概况

古生代时期包括：

(5.7亿年前~5.1亿年前) **寒武纪** 	最早的动物类群在这个时期出现，尤其是海洋生物进化得更加丰富多样，其中最为典型的生物有奇虾、史前水母等。
(5.1亿年前~4.38亿年前) **奥陶纪** 	奥陶纪是古生代时期的第二个纪，是历史上海侵最广泛的时期之一。在这期间，新的动物产生，其中包括以浮游生物为食的滤食动物，三叶虫也在此时大幅演化，产生会游泳并有巨大眼睛的类型。
(4.38亿年前~4.1亿年前) **志留纪** 	志留纪的生物面貌与奥陶纪相比，有了进一步的发展与变化。真正的陆地植物也在志留纪隆重登场，不过，当时最高的植物——库克逊类蕨，也只有5厘米左右。
(4.1亿年前~3.55亿年前) **泥盆纪** 	泥盆纪时期许多地区升起，露出海面，成为陆地。脊椎动物不断进化，部分植物类群各自发展出了叶与根，原始菊石出现。
(3.55亿年前~2.9亿年前) **石炭纪** 	石炭纪时期有辽阔的森林，植物腐败后，经埋藏转变为煤，因此这个时期也被称为"煤炭时代"。这时期的飞行昆虫演化出现。
(2.9亿年前~2.5亿年前) **二叠纪** 	二叠纪是古生代的最后一个纪，也是重要的成煤期。图中的笠头螈就是生活在二叠纪中的一种形状古怪的两栖动物。

前寒武纪　寒武纪　奥陶纪　志留纪　泥盆

中生代时期包括：

（2.5亿年前~2.03亿年前） 三叠纪 	三叠纪是"爬行类时代"的开端，各种源自不同世系的动物类群也在这个时期比邻生活。身形庞大的蛇颈龙便是在三叠纪晚期出现的。
（2.03亿年前~1.35亿年前） 侏罗纪	侏罗纪介于三叠纪与白垩纪之间，因为在侏罗纪前期经历了大灭绝，所以各种动植物非常稀少，但恐龙氏族好像毫发未伤，企图称霸陆地，图中的腕龙便生存于此时期。
（1.35亿年前~6500万年前） 白垩纪	白垩纪时期大陆被海洋分开，地球变得温暖、干旱。许多新的恐龙种类开始出现，恐龙仍然统治着陆地。白垩纪时期末，恐龙灭绝。

新生代时期包括：

（6500万年前~3650万年前） 古新世 始新世	古新世和始新世时期热带森林茂密生长，包括极地地区也欣欣向荣。随后始新世的气候开始变冷，而在白垩纪时期大难不死的小型动物又逐渐进化成大型哺乳动物或鸟类，比如原蹄兽、始祖马等。
（3650万年前~530万年前） 渐新世 中新世	大多数属于现代动物的类群都是在渐新世和中新世时期进化出现的。猴类和类人猿取代了原始的灵长类，部分较接近现代的哺乳动物也——出现。
（530万年前~240万年前） 上新世	上新世时期的气候开始变冷、变干，四季比此前的中新世分明。而上新世的动物大致上与现今相差无几，甚至发展出了更多的种类。
（240万年前~1万年前） 更新世	这一时期则更接近我们现今的生活境况，显著特征为气候变冷、出现巨型的圆顶状冰盖、有冰期等明显的交替，新的人种出现，并开始影响大型动物的多样性。
（1万年前~现今） 全新世	更新世冰盖到了全新世已经退却，海平面也相对升高。由于污染而造成的全球性变暖趋势也延续至今。

石炭纪

三叠纪

侏罗纪

白垩纪

第三纪

第四纪

古新世 始新世 渐新世 中新世 上新世

最初的生命

001 地球上最早的生物是细菌类生物。约 38 亿年前，地球上最早的生命形式出现在海洋里。科学家认为这些类似细菌的微小生物栖息在海底火山口附近，以化学元素为食。

002 出现在 10 亿年前的海藻是地球上最早的植物。它们拥有成千上万个细胞，一些海藻甚至能长到数米长。8 亿年前，一些藻类植物开始进军陆地，它们和一些菌类生物混合生长，形成了苔藓。

▲我们称最早的生物为古细菌，它们可能就长这样。

003 大约 4 亿年前，陆地上的植物开始长得更高了，但仍然无法与今天的植物相比。当时最高的库克逊蕨只有 5 厘米高。

004 大约 6 亿多年前，最早的动物出现在海里，它们都非常柔软，或者漂浮在海中，或者生活在海底。恰尼虫就是生活在海底的一种柔软的羽毛状动物，它利用"羽毛"捕捉海里的其他生物为食。

▲ 库克逊蕨是一种直立生长的植物，长有能输送水分的分叉茎干。

◀ 恰尼虫看起来像植物多过像动物，它实际上是珊瑚虫的原始形态。

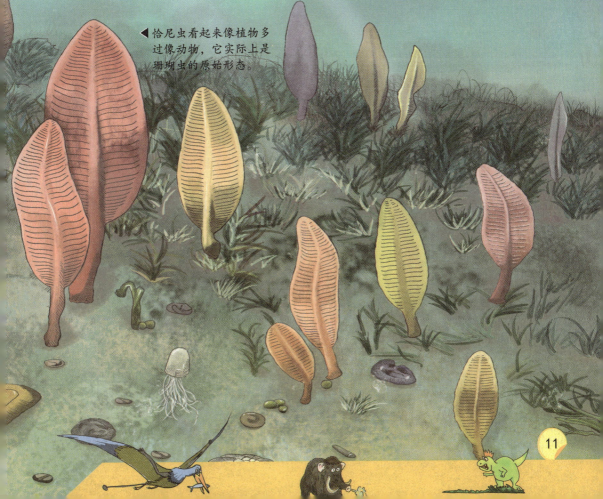

寒武纪的海洋

005 地球生命在寒武纪海洋中大量涌现。1909 年，美国古生物学家沃尔科特在加拿大落基山脉发现了很多古生物化石，这些化石最早可以追溯到 5.45 亿年前。我们可以想象当时的情景：广阔的海底世界，生物从简单的形态不断变得复杂，种类猛增至成千上万种，海洋一下子变得拥挤。

▼多须虫的身体扁平，头部很宽，鳃叶排列在身体两侧，像桨一样。多须虫的头盖下长着 10 只锋利的爪，爪上还有钩刺，可以用来抓住身体滑溜溜的虫子。

原来如此

伯吉斯页岩化石库确定了约 120 种物种，是世界上最大的寒武纪化石遗址。

◀怪诞虫的背部长着 7 对长刺，腹部长着 7 对细长的腿。长刺很锋利，可以保护它不被伤害。

12

◀史前水母像今天的水母一样，在海中随波逐流。

◀奇虾是当时最大的捕食者之一，靠口两侧的爪状肢捕捉猎物。

◀海绵牢牢地附着在海底生活。

◀三叶虫是寒武纪时期种类最多、数量最庞大的动物类群，它们中体形最小的成员约两厘米，最大的成员能够达到约76厘米。

006 蠕虫是远古海洋中最常见的动物之一，它们穴居在海底的泥里，以泥里的动物和植物为食。这时的陆地还是裸露的，无法为蠕虫提供生存空间，它们只能生活在海里。

◀ 奥托亚虫是一种海生穴居蠕虫，身体呈圆柱形，分为吻部、躯干部和尾部，躯干表面有体环。它靠滤食海水中的食物颗粒为生。

007 翼肢鲎（hòu）是海蝎类群中，体形最大的一种。它有着敏锐的大眼睛，能够在泥泞的海床上侦测到前方或稍远处具有坚硬甲壳的小型鱼类。这种掠食性动物可以通过爬行或游泳慢慢接近猎物，然后再上下拍击尾节，高速突袭，从而美餐一顿。

翼肢鲎是海蝎中体形最大的，最大的体长超过3米。翼肢鲎长着敏锐的大眼睛，是凶猛的捕食者，带有棘钉的长螯，能轻易将猎物撕碎。

008 海蝎是地球上最早的猎食者之一，也是迄今为止最大的节肢动物，有些海蝎像狮子一样大。在捕食性鱼类出现之前，海蝎一直是浅海中的霸主。有些海蝎甚至能爬上岸，并利用特殊的"肺"进行呼吸。

与此相关 海蝎中也有许多体形小巧的成员，它们虽然不像翼肢鲎那样健壮结实，但也有自己的生存之道。板足鲎的体长只有10厘米。它用腿把细小的动物推送到螯上，再用螯将猎物撕碎并送入口中。

热闹的海洋

▲ 皮卡虫的外形好像是长了触角和鳍的鳗鱼，它游泳的方式也与鳗鱼相似，都是通过扭动身体蜿蜒前进。

009 皮卡虫是远古海洋中的一种蠕虫，生活在 5.3 亿年前。皮卡虫身体扁平，平均身长只有 5 厘米，但它的身体结构中已经具备脊柱的雏形，它可能是现今脊椎动物最早的祖先，皮卡虫之后出现的很多脊椎动物可能都是从它演化而来的。

010 箭石生活在泥盆纪和白垩纪之间，主要由鞘、闭锥和前甲三个部分组成，而这个与箭头相似的鞘也成了它固有的标志。它的长相和今天的乌贼很像，但壳体远比乌贼发达。箭石头部末端长有十只触手，上面都生有吸盘和钩棘，箭石就是用这些触手来捕捉游动缓慢的小型海栖生物，并将它们送入口中。

箭石分布十分广泛，它的鞘最容 ▲ 易保存成化石。除用于确定地层时代外，还可以测定当时的水温，为确定古气候及大陆漂移提供第一手资料。

011 约 4 亿年前，菊石出现在海洋中。到了 2.25 亿年前，菊石已经遍布世界各地的海洋。菊石的侧面平坦，外壳呈螺旋状，长着大眼睛和长触手，以寻找和捕捉猎物。菊石多达数千种，它们大小不一，小的只有人的指甲盖大小，大的甚至比餐桌还大。

菊石大约在 6500 万 ▶
年前灭绝。今天我们
能在岩石中见到菊石
化石。我们能从化石
中清晰地看到菊石外
壳的形状。

与此相关 生活在现代海洋中的鹦鹉螺是菊石的近亲，它们在外部形态和内部构造上都十分相似，而且鹦鹉螺诞生至今并没有发生多大变化，所以它是现存软体动物中最古老、最低等的种类，被称为"活化石"。

早期的鱼类

012 大约 5 亿年前，海洋中出现了早期的鱼类——无颌鱼。无颌鱼是最早出现的原始鱼类，它们既没有颌，也没有牙齿，无法撕咬，只能吸吮，可能以吸食海泥中的蠕虫和小生物为食。无颌鱼的体表生有硬骨质的甲胄，能帮它们抵御海蝎和其他掠食性动物的侵袭。

▲ 鳍甲鱼的背上生有几根相对明显的骨质尖棘，这些尖棘向后倾斜，有助于保持身体的平衡。

013 鳍甲鱼的名字来源于它身体两侧翅膀状的甲胄尖棘，它的头部也覆盖着坚实的甲胄，又尖又长的口鼻部从前端向上突出。作为无颌鱼，鳍甲鱼的嘴永远张开着，它在近海面处游来游去，吞咽海水中细小的虾类生物。

014 头甲鱼最明显的特征是拥有大型的骨质头盾，它保护着头甲鱼的头部，除此之外，头甲鱼的身上没有太多的骨骼。头甲鱼的眼睛位于头顶，下方为嘴巴。类似胸鳍的成对鳞鳃盖为头甲鱼提供升力并维持身体平衡。

015 半环鱼也是一种早期的无颌鱼。它的体长一般不超过30厘米，头部有结实的硬壳保护，躯体也有骨板保护。它的眼睛长在头顶，这使得它在河流、湖泊底部觅食时能随时留意上方的捕食者。

▼头甲鱼主要在水底生活和觅食，上翘的尾部能使它的头部比较容易下俯，便于在水底的泥中搜寻食物。

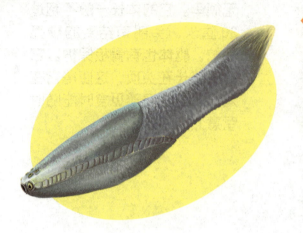

016 阿兰达鱼生活在 4.6 亿年前~5 亿年前的澳大利亚，是已知最早的鱼类之一。阿兰达鱼体长 12 厘米左右，头部长着 3 对"眼睛"，但只有头前方的一对是真正的眼睛，头顶上相对较小的两对只是像眼睛的器官而已。

017 盾皮鱼是原始有颌鱼类，它的头部和身体前端覆盖着宽阔、平坦的骨板，这些骨板能帮它抵御体形较大的捕食者的攻击。盾皮鱼的身体构造和今天的鲨鱼有很多相似之处，它们也像鲨鱼一样必须不停游动才不会下沉。

原来如此

邓氏鱼没有牙齿，有的是嘴部像铡刀一样赘生的骨质板，它们非常锋利，再加上异常强大的咬合力，使它们能切断、咬碎任何食物，甚至能将早期的小型鲨鱼咬成两半。

▲ 沟鳞鱼是一种十分奇特的盾皮鱼，因为它长着类似"前臂"的构造。实际上，这样的构造是由骨质管包裹又窄又长的胸鳍形成的。沟鳞鱼用"前臂"在海底的软泥中挖掘食物，也用它推动身体在陆地上进行短距离的移动。

018 邓氏鱼是盾皮鱼中体形最大的。它是凶猛可怕的肉食性鱼类，拥有庞大的头部和颌部，身长能达到 5 米左右。邓氏鱼的头部和肩部覆盖着坚硬的护甲，身体其他部分则没有甲胄或鳞片，肉质的大胸鳍活动自如，有助于游动。

史前鲨鱼

▲ 远古鲨鱼的牙齿化石

019 鲨鱼自诞生之日起就是一流的"杀戮机器"，它们已经高居海洋猎食动物最顶层 4 亿多年。流线型的体形和锋利的牙齿是鲨鱼的基本特征，这些特征经过亿万年的时间几乎没有发生过变化。

020 胸棘鲨是生存于约 3 亿年前的小型鲨鱼，它的长相十分奇特。雄性胸棘鲨的背上长着一个怪异的"塔"状结构，"塔"顶宽阔平坦，棘刺丛生。另外，它的头顶上也有一块区域长满了棘刺。人们猜测，这样的构造也许是用来吓退捕食者或是用来求爱的。

021 裂口鲨是迄今已知最早的鲨鱼，它的化石能在 4 亿年前的岩层中找到。它与现代鲨鱼存在一些差别，如口鼻部较短也较钝、嘴位于头部前端而不是下侧，这使得裂口鲨的嘴巴不能张得很大。

▲ 裂口鲨的身长可达两米，生活的海域约为今天的北美洲，以捕猎鱼类、枪乌贼和甲壳动物为生。

与此相关 鲨鱼是软骨鱼，它的整副骨骼都是由软骨组成的。鲨鱼的牙齿和鳞片会不断脱落更新。它虽然有鳃，却没有鳃盖。鲨鱼也没有鳔，所以必须不断游动才不会下沉。

鱼类的进化

022 棘鱼类群的进化时间要早于盾皮鱼，它们是已知最早的有颌鱼类。棘鱼因鳍前端有硬棘而得名。它们的体形都很小，大多拥有流线型的身体、厚而圆钝的头部、大嘴巴、上翘的尾部和至少两片背鳍。棘鱼在海中完成进化，最后进入河流和湖泊生活，从志留纪晚期一直持续到二叠纪早期，在地球上生存了约1.5亿年，全盛期在泥盆纪。

023 栅鱼是棘鱼的一种，属于小型的淡水鱼。它虽然只有人的手指那么大，却是一种凶猛的掠食性动物，看起来像小鲨鱼，在水底搜寻小鱼和甲壳类为食。栅鱼的眼睛很大，这显示出它可能依靠视觉捕猎而不是嗅觉。栅鱼固定的胸鳍具有水翼的作用，能在它游动时提供升力。

▲ 真掌鳍鱼是叶鳍鱼的一种，身长约 1.2 米，分布于北美洲和欧洲。真掌鳍鱼能利用短而粗的肢状肉鳍在水塘之间的陆地上拖着身体移动，并利用类似肺的鳔呼吸。

▲ 栅鱼的背部和腹侧都有厚重的骨质棘刺，能保护栅鱼免受捕食者的攻击。但是这些棘刺是无法伸缩的，它们会增加栅鱼游动时的阻力。

024 随着鱼类的不断进化，它们中的有些成员开始离开水中向陆地发展，它们可能就是后来陆栖脊椎动物的祖先。出现在 3.9 亿年前的叶鳍鱼便是其中的一种，它的每个侧鳍的根部都长着厚实的肌肉。

与此相关 现代腔棘鱼和它们的祖先拥有很多共同特征，如肢状肉鳍、尾部有穗状装饰等，它们已经在地球上生存了约 4 亿年。

史前昆虫

025 泥盆纪时期，地球上出现了昆虫，它们都是体形细小且无翅的节肢动物。到了 3.2 亿年前，有些昆虫进化出翅膀，并逐渐进化出不同的翅膀类型。飞行本领让昆虫更容易躲避敌害、寻找食物和寻求配偶。

▼ 巨尾蜻蜓的翅膀和胸部呈直角，翅膀上生有细致的翅脉，能对翅膀起到强化支撑的作用。

026 远古蜻蜓的个头儿非常大，比如巨尾蜻蜓的翼展能达到 70 厘米，它利用两对大翅膀在森林中自由穿行。远古蜻蜓的腿和脚上都长着锋利的钩刺，能够牢牢地抓住猎物。

027 大约3亿年前，蟑螂就在地球上活动了，它们和现代蟑螂一样，都有大型头甲、弯曲的长触须和折拢的翅膀。它们的适应能力极强，几乎什么都吃，而且繁殖能力也超强，所以一直没有灭绝。

028 史前时代的蝎子十分恐怖，它们能长到两米多长，巨大的钳子能轻易地撕碎其他动物。它们生活在海洋和沼泽中，以捕食鱼类和三叶虫为生。史前蝎子在当时处于食物链的顶层，没有天敌，后来因为环境变化造成食物短缺才导致它们灭亡。

▼ 泥盆纪时期，裸蕨植物分布十分繁茂。这类植物的体型矮小，结构也十分简单。高的不过两米，矮的仅几十厘米。

原来如此

水龟虫是池塘和溪流里常见的一种甲虫，和其他甲虫一样，它的前翅也形成了坚硬的鞘翅，能保护脆弱的后翅。你知道吗？这种外形构造的甲虫早在2.5亿年前就已经生活在地球上了，而且它们的模样几乎没有发生变化。

最早的两栖动物

029 四足动物是指具有四肢和明显指趾的脊椎动物。最早的四足动物是从肉鳍鱼类进化而来的，它们的每个前足上都长有8个趾头。它们仍旧在水中生活并保留了鱼类的很多特征，如桨状肢、鳃和尾鳍。在漫长的进化过程中，一些四足动物开始逐渐走上陆地，成为最早长有脊柱的陆地动物。

▲ 棘螈生活在3.8亿年前，体长能达到1米多。棘螈一生中的大部分时间都待在水里，它们既长有能在水下呼吸的鳃，也长有能在陆地上呼吸的肺。

实际上，鱼石螈的四 ▼ 肢较短，并不适合在陆地上行走。

030 能在陆地上活动的四足动物就是最早的两栖动物，它们也是最早能在陆地上快速移动的脊椎动物，这得益于它们进化出了五根指趾的四肢，五根指趾更适合行走。有些史前两栖动物的体形非常大，始螈的体长几乎有 5 米，长着和鳄鱼一样的颌部和牙齿。

031 鱼石螈是世界上最早的两栖动物，它们由鱼类进化而来。为了适应陆地生活，鱼类的鳍演变成四肢，尾巴则变得更长、更健壮。鱼石螈的长尾巴上还长着鳍，这有利于它们在水中游动，也有利于它们在沼泽里爬行。

▼笠头螈的长相十分古怪，细长扁平的身体上长着一个三角形的大脑袋，看起来就像一顶斗笠。这种形状是由于它头部后方角落处长出的角状延伸物造成的。这种奇特的头部构造可能有利于笠头螈在水中活动，也可能让猎食者对它们望而生畏。

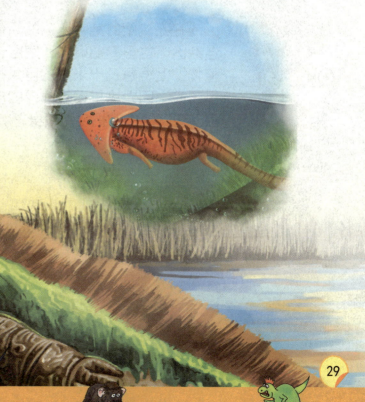

沼泽中的生命

▲ 蕨类植物是高等植物的一大类群,一般为高大的木本植物,逐渐生长,成为森林。

092 在石炭纪时期,茂密的沼泽林覆盖了地球的低洼地区,这里潮湿闷热,底层长满蕨类和其他低矮植物,上层是几十米高的巨大乔木。许多动物在这里安家,因为这里得天独厚的自然环境为动物们提供了更多捕食的机会和藏身之所。

▼ 沼泽林中生活着一些早期的爬行动物,如林蜥,它的外形很像今天的蜥蜴,但它们分属两个不同的种群。林蜥像蜥蜴一样在地面和树上捕食,食物包括蜘蛛、马陆等。

▲ 在长满苔藓的湿滑树干上爬行，对希劳诺龙来说不是什么难事，因为它长着细长、锋利的爪子，能牢牢抓住树干，而且希劳诺龙喜欢待在树上，因为这里有它喜欢吃的各种虫子，还能帮它躲开捕食者。

◀ 引龙是沼泽林中的庞然大物，它的体长能达到两米。引龙属于两栖类，长相与鳄鱼相似，四肢短小，不利于行走，所以它们大部分时间都泡在沼泽里，靠水的浮力支撑身体。

033 构成沼泽林的植物包括石松类、木贼类和蕨类。其中，石松类植物长得最高大，能长到 50 米高，矮一点儿的木贼类植物也能长到 15 米，而今天的同类植物则无法长到这个高度。地表密生着蕨类植物和其他的低矮植物，水面上则是断落的茎干、树枝和落叶。

迅速扩张

034 大灭绝是指所有生命几乎全部灭绝的情况，它只在史前时代发生过几次。大灭绝之后，只有极少数的动物和植物存活下来，它们进一步演变、进化成新的物种。大约 2.9 亿年前，地球发生了一次大灭绝，它造成的结果是爬行动物的迅速扩张。

035 大约 2.8 亿年前，爬行动物开始迁移到干燥的地区，而两栖动物却无法在那里生存。这主要得益于爬行动物耐旱的皮肤和不需要在水中产卵的习性。

036 通过观察出土的化石，人们断定爬行动物起源于两栖动物，它们之间的骨骼存在很多相似之处。发现于美国得克萨斯的蜥螈是介于两栖动物和爬行动物之间的过渡型，它的头骨和牙齿具有两栖动物的特点，而头后的骨骼则具有爬行动物的特点。

▼ 大约 2.8 亿年前，蜥代龙生活在今天的北美地区。它们的体长能达到 1.5 米，颌部很长，牙齿也很锐利，可能靠捕食沼泽中的鱼类为生。蜥代龙开始时多为肉食性，后来随着体形越来越小，逐渐变成食虫性动物。

◀ 阔齿龙的体长能达到3米，短而强壮的四肢向身体两侧外张呈匍匐姿势，指趾强健，有利于它们挖掘植物。它们主要以蕨类、苔藓等植物为食。

037 阔齿龙生活在史前的北美洲和欧洲，属于两栖动物，但几乎完全在陆地上生活，而且身体构造与爬行动物非常相似。阔齿龙的牙齿更适合咀嚼，使得它们成为最早的植食动物。

盾甲龙的体表覆盖着很多骨质棘钉、疣凸和角凸，如面颊突出物、鼻钉、颌钉等，这些构造可能具有防卫作用，也可能在交配时用来炫耀或打斗。 ▶

038 副爬行类动物是一群不同寻常的爬行动物，既有小如蜥蜴的成员，也有体形较大的动物，有些成员的身上还长满了棘刺和骨板。许多副爬行类动物生有钉状钝齿，由此看来，它们应该是植食动物。盾甲龙是体形硕大强健的副爬行类动物。

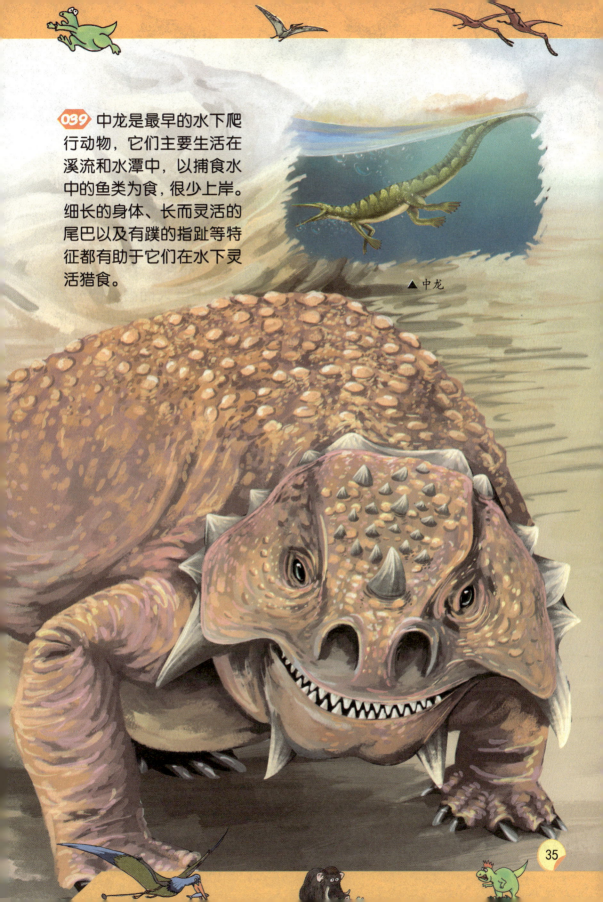

039 中龙是最早的水下爬行动物，它们主要生活在溪流和水潭中，以捕食水中的鱼类为食，很少上岸。细长的身体、长而灵活的尾巴以及有蹼的指趾等特征都有助于它们在水下灵活猎食。

▲ 中龙

艰难生存

▲当乳齿螈闭上嘴巴时，下颌前端的两根三角形的大尖牙会穿过鼻孔露出来。

040 在进化过程中，两栖动物和爬行动物之间相互对抗，两栖动物大多处于劣势，但仍有一些两栖动物能与爬行动物"比肩而立"，发现于三叠纪地层中巨大而强壮的乳齿螈便是其中一种。乳齿螈体长约两米，头部很大，长有锋利的牙齿，以捕食鱼类、其他两栖动物和小型爬行动物为生。乳齿螈是已知最大的两栖类动物。

041 其他体形较小的两栖动物也竭力在爬行动物的世界里求生存，它们利用自身小巧的身形躲藏在水中或者沼泽里。体长仅 12 厘米的鳃龙便是其中之一，它藏身于池塘之中，靠捕食小鱼为生。

▲既然水龙兽曾经在南极洲生活，那么说明那里也曾经像其他大陆那样温暖湿热。可是今天的南极洲却被厚厚的冰层覆盖，气候异常寒冷。

042 今天，人们能在亚洲、欧洲、非洲和南极洲发现水龙兽的化石，这种爬行动物大约生活在两亿年前，它们不会游泳。据此，人们判断出这些大陆板块曾经是连接在一起的，经过亿万年的时间，才逐渐移动成今天的格局。

043 尖牙利齿并不是肉食性动物的专利，一些草食性爬行动物也长着尖利的牙齿。麝足兽生活在 2.7 亿年前的南非，大小与犀牛相似。麝足兽的嘴里长满了又长又直的牙齿，牙齿尖端异常锐利，能够轻易地扯下灌木上粗壮的枝叶。

▲ 麝足兽的头骨厚重坚硬，它们可能通过撞击头部来竞争。

爬行动物星球

044 大多数爬行动物没有完善的保温装置和体温调节功能，它们一般依靠太阳取暖，使体温升高；或者躲进树荫、洞穴中，将体温降低。侏罗纪早期的异齿龙最明显的特征便是背上的帆状物，在寒冷时，它们利用背部的帆状物吸收太阳的热量。炎热时，气流吹过帆状物，又能带走热量，使它们感觉凉爽。从而，它们有更多的时间捕食猎物。此外，帆状物还有可能用作求偶和吓阻猎食者。

▲异齿龙并非恐龙，而是一种凶猛的爬行动物，体长约3米，因长着两种不同形态的牙齿而得名。前面较长的牙齿用来切割肉类，后面较短的牙齿用来把肉磨碎。

045 和今天的鳄鱼不同，史前时代的鳄鱼大都不喜欢待在水里。生活在侏罗纪早期的原鳄就是一种只待在陆地上的早期鳄鱼。它们体长1米左右，四肢细长，行动迅速，在干燥的陆地上以小型爬行动物为食。

▲ 原鳄的下颌中长着一对牙齿，它们正好嵌在上颌的凹口中。原鳄的颌部肌肉非常强壮，能带动牙齿迅速咬住猎物。

▲ 雷塞兽

原来如此

雷塞兽又称为"狼面兽"，因为它们长着像狗或狼那样的牙齿。雷塞兽嘴部前面的一对犬齿用来撕咬猎物，嘴后部的牙齿则负责把肉磨碎，现代狼的牙齿也具有类似的功能。另外，雷塞兽也像现代狼一样过着群居生活。

046 虽然当时的地球上生活着很多大型的猎食性爬行动物，但有些小型爬行动物也是凶猛的肉食性动物，比如体长1米多的雷塞兽。它们有着修长的头颅、尖利的牙齿和适合奔跑的长腿。

047 尾巴对早期爬行动物至关重要。当它们在陆地上行走时，尾巴能帮助它们保持身体的平衡；当在水下活动时，它们又依靠挥动尾巴产生的推力前进。所以，许多早期的爬行动物都长着长而有力的尾巴。

048 经过漫长的进化过程，一些爬行动物进化得和哺乳动物非常相像。它们在外形上和哺乳动物差不多，体温也进化成恒温的，它们继续进化可能就是最早的哺乳动物。出现于早三叠纪时期的犬颌兽是一种接近哺乳动物的爬行动物，体形和大型犬类差不多，身上长着毛，鼻子周围长有胡须。

▼犬颌兽的头骨形状与哺乳动物非常像，颌部强壮有力，牙齿也与犬类非常像，既有用于啃咬的门齿，也有用于把肉磨碎的颊齿。

049 史前时代的龟鳖类爬行动物最初都是小型的两栖杂食动物，经过进化分化为陆栖植食种类、淡水杂食种类和掠食性种类，有些龟鳖类爬行动物在这一时期的体形已经非常庞大。所有龟鳖类爬行动物都拥有特殊的无齿嘴喙，这种嘴喙的适应性极强，既能切割植物，也能撕咬肉块。

你知道吗？

所有的海龟都有外壳，这是它们最明显的特征。而龟鳖类群的骨骼也是不断修正变异的结果，肩带和髋带都位于胸腔内部，这点和其他任何脊椎动物都不同。不仅如此，进化型的龟鳖类群可以将四肢、颈部和尾巴全缩入壳内，有的甚至可以将整个身体和外面的世界隔绝。

始海龟生活在白垩纪时期，体长可达4米，相当于现代海龟的两倍，是龟鳖类群中体形最庞大的种类。始海龟的前鳍肢较大，能用来在水底游动，后鳍肢则短而阔。始海龟的壳上可能覆盖了一层厚皮而不是龟甲。

史前巨蜥

050 古巨蜥是一种体形巨大的史前蜥蜴，差不多和狮子一样大。古巨蜥生活在更新世的澳大利亚西南部，以其他动物为食，有很多对手与它们争夺食物，如袋狮、袋狼、沃那比蛇等，但它们与古巨蜥力量相当，并不会威胁古巨蜥的生存。

051 和其他捕食性动物一样，古巨蜥也用尖牙和利爪捕捉猎物。除此之外，古巨蜥还有一种秘密武器——毒液，能置猎物于死地。

▼ 古巨蜥利用伏击方式猎食。它静静地趴着等待，等猎物靠近后，就突然跳起来发动攻击。

古巨蜥的每只脚上都长着五▶根粗壮的脚趾，每根脚趾上都长着像钩子一样锋利的爪，它们能在捕猎时牢牢地抓住猎物。

052 古巨蜥能够捕杀一些体形较大的动物，有些猎物的体重甚至是它们体重的10倍。由此看来，当时生活在澳大利亚大陆的一些大型动物可能都是古巨蜥捕食的对象，如双门齿兽和巨袋鼠。另外，古巨蜥也会捕食包括鸟类和哺乳动物在内的中小型动物，因为捕食这些动物更省力、更容易。

与此相关 生活在科莫多岛和周围小岛上的科莫多龙是现存最大的蜥蜴，它们和史前的古巨蜥很像，不仅体形巨大，而且唾液中含有细菌。被科莫多龙咬伤的动物，伤口会发炎，科莫多龙还能根据细微的气味找到它们。

超级海洋掠食动物

059 有些爬行动物体形巨大，性情凶猛，但它们只能生活在海洋里，是远古海洋中当之无愧的霸主。中生代海洋中最大的顶级掠食者沧龙体长约 10 米，大者甚至能长到 15 米以上，今天的海洋霸主大白鲨与它们相比要小得多。沧龙在海洋中捕食大型鱼类、龟鳖类和蛇颈龙类。

▼从它们厚重的身体与化石发现地的沉积物判断，盾齿龙应该存活在浅水中，而非深海。

054 盾齿龙拥有强壮的头颅和大而圆的扁平状牙齿，牙齿直径超过 10 厘米，能咬碎贝类和海胆。盾齿龙体长两米左右，扁平的尾巴和有蹼的短腿能帮助它们在水中前进。盾齿龙的身上有一层护甲，能保护它们免受其他掠食动物的攻击，但也妨碍了它们在陆地上的灵活性。

原来如此

沧龙的感觉器官也十分灵敏，与蛇和蜥蜴一样，都是通过特有的雅各布森氏器官来侦测空气或水中的可嗅微粒，进而才能捕猎或发现同类。

055 幻龙、盾齿龙、蛇颈龙同属鳍龙类。幻龙的脚上有蹼，再加上灵活的长尾巴，有助于它们在水中游动。长长的脖子和颌部以及满嘴的尖牙利齿，有利于它们捕食各种鱼类。幻龙目有好几种，大小也不一样，最小的只有约 36 厘米长，而色雷斯龙和幻龙则是较大的品种，身长数米。

▼沧龙有剃刀一样锋利的牙齿和强健的颌部，有些沧龙还进化出可以磨碎食物的钝齿，这些特征使得沧龙成为超级恐怖的海栖掠食性动物。

水底"飞行家"

056 有些史前海栖爬行动物像今天的海龟一样利用鳍状肢在水底游动，好像在水底"飞行"一样。蛇颈龙就是这样的一类爬行动物，它们都生有翼状鳍肢和许多尖利的牙齿。有些蛇颈龙有长长的脖子和较小的脑袋，有些蛇颈龙则拥有硕大的脑袋和短短的脖子。

▼ 薄片龙的颈部有 72 块骨头，数量远远超过了其他蛇颈龙类。但与庞大的身体和超长的颈部相比，它们的头部就比较小了。

057 薄片龙是一种海洋爬行动物，它的颈部长达 5 米，而且相当灵活，极易弯曲，在寻找食物时甚至可以扭成环形。薄片龙可能会跟在鱼群后方，然后将脖子伸到鱼群中捕食，它也可能在水底缓慢游动，并将颈部弯向水底觅食。

058 蛇颈龙包括长颈蛇颈龙和短颈蛇颈龙两类，潜隐龙便是一种长颈蛇颈龙。它生活在史前的欧洲，体长能达到8米，主要以鱼类和乌贼等为食。它在海底缓慢地游动，利用伸缩自如的长脖子攫取身边的食物。

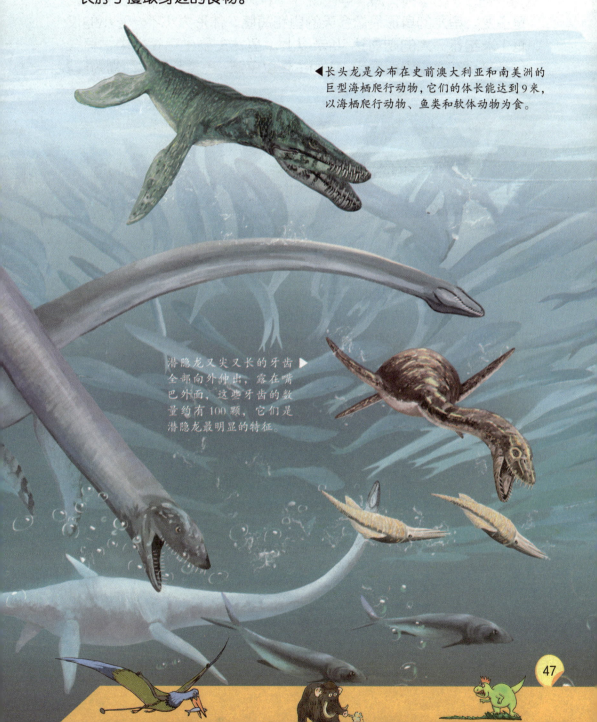

◀长头龙是分布在史前澳大利亚和南美洲的巨型海栖爬行动物，它们的体长能达到9米，以海栖爬行动物、鱼类和软体动物为食。

潜隐龙又尖又长的牙齿▶全部向外伸出，露在嘴巴外面，这些牙齿的数量约有100颗，它们是潜隐龙最明显的特征。

鱼龙家族

059 约 2.5 亿年前，海洋中出现了一种大型水生爬行动物，它们就是鱼龙。鱼龙的身形很像今天的鱼和海豚，体形大小不一，小的仅有 1 米左右，大的则可达 10 米以上。鱼龙主要生活在水中，有些种类甚至在水中繁衍后代。它们主要以乌贼、鱼类等海洋动物为食。

▼ 沙尼鱼龙是目前世界上发现的最大的鱼龙，体长达 15 米，体重达 20～35 吨。

060 世界上发现的鱼龙化石已经有几百具，这使得人们对鱼龙的了解远远超过了其他的史前动物。鱼龙的背鳍很高，前鳍宽大，后鳍短小，尾鳍呈半月形。鱼龙的身体呈流线型，皮肤也很光滑，这些特征使它们能在水中快速地游动。

按照身体比例来看，▶
大眼鱼龙的眼睛是所有鱼龙中最大的。

061 鱼龙都生有巨大的眼窝，眼窝内有称为巩膜环的巨大骨质环，它有助于支撑鱼龙的大眼球。大大的眼睛说明鱼龙可能是依靠视觉捕食的，它们可能会在晚上漆黑的水中或永远没有光照的深海中捕猎。

▼ 许多化石显示，泰曼鱼龙可能是胎生动物，它可以直接在海中生育幼崽。

062 有些专家认为，鱼龙是通过快速左右摆动尾巴来推水前行的。也有专家认为，鱼龙是利用强健的肩部带动翼状肢在水下滑动前行的，而且鱼龙的小型后鳍可以当作稳定翼，帮助身体保持平衡。

史前鳄鱼

069 鳄鱼的演化时间几乎和恐龙相同，都出现于三叠纪至白垩纪的中生代。它们在长达两亿年的时间里都是拥有长形身体的大型水栖肉食性动物。鳄鱼有强健的四肢、厚实的尾巴、长满尖牙利齿的大嘴巴，以及坚硬的体表盾板，这些特征使它们成为史前的恐怖掠食者。

064 鳄鱼在史前时代遍布世界各地，它们中的一些继续过着海栖生活，另一些则进化成适合陆地生活的种类。体形较小的种类通常行动迅速，身躯庞大的种类则比较笨重。

▲ 地蜥鳄是一种海栖鳄鱼，它的趾间有蹼，能像船桨一样划水。修长的颌部长满了锐利的尖牙，能捕捉滑溜的鱼类。与其他鳄鱼相比，地蜥鳄没有笨重的盾甲，所以体态轻盈而灵活。

与此相关 史前鳄鱼和现代鳄鱼有很多相似之处，它们都通过在水中扭转身体以撕下对手的大块皮肉。除此之外，它们还会吞下石块增加自身重量以便于沉到水底。

065 有一种史前爬行动物能让恐龙不寒而栗，那就是恐鳄。恐鳄是迄今为止体形最庞大的鳄鱼，它们生活在白垩纪晚期的北美洲，体长可达 10 米以上，体重能达到 5 吨，比今天的鳄鱼大几倍。恐鳄可能主要以鱼类为食，也会埋伏在水边，突袭捕捉鸭嘴龙等大型陆地猎物。

早期的翼龙

066 翼龙是最早的大型飞行动物，生活在晚三叠纪至白垩纪时期。早期翼龙的体形一般都比较小，翼展都不超过 3 米。某些出土的化石证明，有些翼龙的身上生有毛发，说明它们可能是温血动物。

▲ 无尾颚翼龙是一种早期翼龙，它有短而高的颅骨、锐利细长的尖牙，以及较短的尾巴。

067 翼龙在它们生存的时代绝对是当之无愧的空中霸主，这是因为当时空中竞争对手少，而且它们能凭借飞行本领避开猎食者。二齿型翼龙拥有特别庞大的颅骨和大小不同的牙齿。头颅前端的牙齿较大也较尖锐，后侧的牙齿则很小。它们的尾巴又长又硬，能在飞行时起到舵的作用。

068 翼龙不能像鸟类一样在空中拍动翅膀飞行，而是在空中滑翔，飞累了就会落在高处的岩石或树上休息，并为下一次起飞做准备。

▼翼龙的翅膀与蝙蝠相似，也是一层被特殊的硬角质撑起来的皮膜，非常薄而且柔软，位于身体两侧，分别与前爪和后腿相连。

▲二齿型翼龙的眼睛较大，说明它们可能拥有极佳的视力；前肢有利爪和可以抓握的第五趾，说明它们可能擅长攀爬。

原来如此

很多人会将翼龙看作一种会飞的恐龙，但严格来说，它们不算真正的恐龙，只是恐龙的近亲，是一种会飞的爬行动物。

翼龙的进化

069 随着较早期翼龙类的灭绝，侏罗纪晚期，作为翼龙进化类型的翼手龙成为天空的主宰。它们中有的没有牙齿，有的有数百枚刺须状的牙齿，有的则具有钝齿，能捕捉鱼类、甲壳动物等。

070 有些翼手龙狭长的颌部内长着数百根纤细的牙齿。南翅翼龙曾经生活在南美洲，它们的颌部向上弯曲，下颌内布满了直立的刺须状牙齿。南翅翼龙进食时会在嘴中装满水，然后利用须状牙齿把水滤出，只留下浮游生物。

071 风神翼龙是历史上最大的飞行动物，它们几乎和飞机一样大。风神翼龙的翼展长达11米，现代鸟类在体形上是无法与它们相提并论的。种种事实表明，风神翼龙可能是从水面或地面啄取鱼类和其他动物为食。

▲ 巨大的双翼使风神翼龙非常适合长途滑翔。

072 许多翼手龙的头顶都生有大小不一、形状各异的头冠，有些甚至连下颌部都有。除了用来分辨雌雄，这些头冠可能是翼手龙在求偶时用来炫耀，或者在飞行时当作方向舵或稳定翼使用的。

与此相关 现代的须鲸嘴里没有牙齿，但长着许多角质板构成的鲸须，这些梳齿一样的鲸须具有筛滤作用，与南翅翼龙的须状牙齿作用相同。

什么是恐龙？

▼ 约巴龙是一种巨大的植食性恐龙，成年后的体重大约有20吨，站立起来有20多米，仅仅是它的胸腔就能躺下一个成年人。

073 恐龙属于爬行动物，它们生活在大约2.3亿年前至6500万年前的中生代。恐龙大小不一，形态各异，生活习性也不尽相同，既有比鲸鱼还大的，也有比母鸡还小的，既有食肉的，也有食草的。

074 恐龙像今天的哺乳动物一样，四肢长在身体正下方，这样，它们就不用为了将身体抬离地面而耗费太多的能量，而且它们也能有余力进行其他活动。另外，有些恐龙能摆出挺直的站立姿势。

▲ 挺直的站立姿势使得恐龙能用足趾行走，而不用像其他爬行动物那样用整个脚掌走路。

075 和地球上的其他物种一样，恐龙也经历了出现、繁衍、最后消失的过程。不同种类的恐龙经历这个过程的时间也不一样，有的恐龙在地球上生存的时间还不到100万年，有的恐龙则生存了很久。

076 所有的恐龙可以分为蜥臀类与鸟臀类两大类。其中，鸟臀类恐龙与鸟类一样，髋骨部位的耻骨都向后伸，并且全部为植食性动物。

剑龙在地球上生存了 ▶
2000多万年，也是剑龙类群中具有代表性的恐龙。

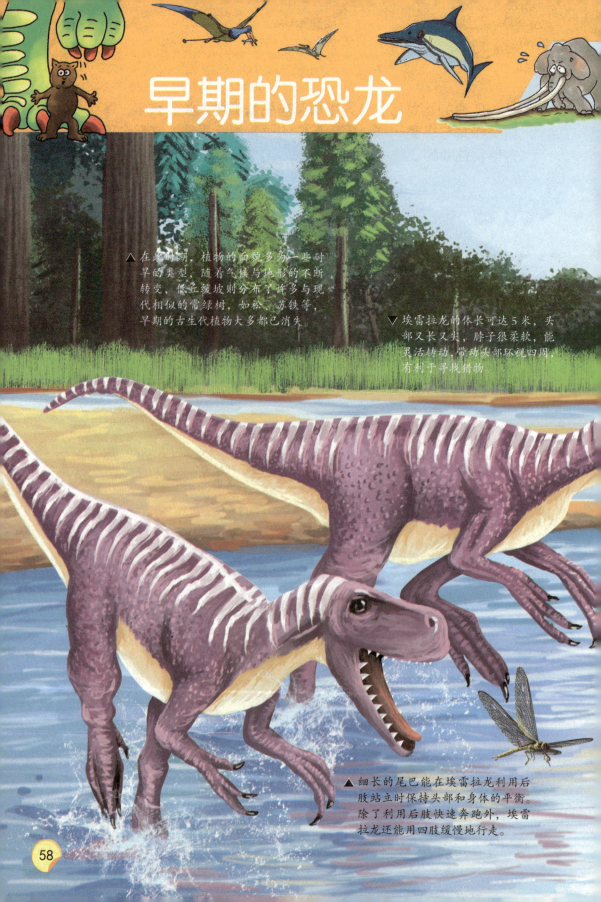

早期的恐龙

在此时期，植物的面貌多为一些耐旱的类型，随着气候与地形的不断转变，低丘缓坡则分布了许多与现代相似的常绿树，如松、苏铁等，早期的古生代植物大多都已消失。

埃雷拉龙的体长可达 5 米，头部又长又尖，脖子很柔软，能灵活转动，带动头部环视四周，有利于寻找猎物。

细长的尾巴能在埃雷拉龙利用后肢站立时保持头部和身体的平衡。除了利用后肢快速奔跑外，埃雷拉龙还能用四肢缓慢地行走。

077 大约在 2.3 亿年前，最早的恐龙出现了，它们是生活在今天南美洲阿根廷的始盗龙和埃雷拉龙。它们都具有体形纤细、行动迅捷的特点，它们几乎能完全直立起来，利用后肢奔跑。

▼ 始盗龙的体长只有1米左右，但它却是一种凶猛的掠食性恐龙，它的嘴里长着切割用的锐利弯齿。

078 早期的恐龙都长有利齿和利爪，这显示它们很可能是掠食性动物，它们的猎食对象可能包括蜥蜴等爬行动物以及昆虫等。它们能轻而易举地追上猎物，并用利爪或利齿紧紧地抓住或咬住猎物，最终将猎物吃掉。

原来如此

南十字龙也是已知最古老的恐龙之一，它是始盗龙和埃雷拉龙的近亲，它们有很多相似的特征，如修长的后肢、长而柔软的脖子等。

早期的植食性恐龙

079 经过漫长的进化过程，有些恐龙的体形变得越来越大，它们也不再以动物为食，而是开始吃植物。板龙是最早的大型植食性恐龙之一，体长可达 8 米，四肢强健有力。板龙的牙齿锋利而宽阔，能压碎和切削植物，下颌关节构造也适于用牙齿切断带叶细枝。

080 板龙的前肢上长着五根长短不一的趾头，外侧两根较短，中间两根较长，最奇特的是大拇指，又大又长，还长着弯曲的锐利长爪。这种弯曲的大型拇指爪是早期植食性恐龙的共同特征，它可能是防卫武器，也可能是与其他趾头相结合来抓握树干的。

▼ 板龙多数时间用四肢缓慢行走，但也能用强壮的后肢站立起来，并用尾部保持平衡。

与此相关 早期植食恐龙的食物主要是木贼、蕨类、苏铁和针叶植物等，这些原始植物非常粗硬，而且所能提供的营养非常有限。

081 莱森龙生活在 2.1 亿年前的阿根廷地区。它的体形更大，体长约 10 米，体重也更重，沉重的身躯使它无法像板龙那样利用两条后腿站立。但它的脖子和尾巴要比板龙长。

植食性小恐龙

082 在植食性恐龙中也有一些体形娇小的成员。大约1.06亿年前，雷利诺龙生活在澳大利亚地区，体长60~90厘米。当时的澳大利亚比现在的位置更靠南，处于南极圈以内，因而能感受到刺骨的低温。为了御寒，雷利诺龙的身体里可能长着厚厚的脂肪层。

▼ 大大的眼睛能让雷利诺龙在昏暗中捕捉尽可能多的光线，保证了它们在漫长冬季里的正常生活。

083 落叶在腐坏的过程中会慢慢升温，雷利诺龙便利用这一点来保护脆弱的蛋不被冻坏，还能帮助孵化。

084 大约两亿年前，异齿龙生活在今天的南非。它长着3种不同形状的牙齿，分别是位于上颌前端的切牙、两对獠牙和用于咀嚼的凿子状牙齿。

085 黑水龙是化石发现于巴西、距今2.25亿年的一种早期植食性恐龙，体形较小，约2.5米。黑水龙的牙齿是锯齿状的，它不仅吃地面上生长的植物，也可能利用后腿站起来去吃高处的树叶。

与前腿相比，黑水龙的后腿长而强▶
壮，它们大部分时间是依靠后腿来支撑和行走的。

雷利诺龙父母会照顾刚出生的幼▶
龙，采集蕨类、苔藓、石松等植物的新芽和果实喂养幼龙。

禽龙家族

▲ 橡树龙

086 禽龙是恐龙世界中的佼佼者，它们的进化相当成功，在欧洲、北非、亚洲和北美都曾留下它们的足迹。禽龙是一种庞大的植食性恐龙，身长 9~10 米，有鸟状的粗壮后肢，还有强壮有力的双臂，类似马头的头部上长着无齿喙。

087 禽龙出现在侏罗纪时期，最原始的禽龙体形较小，体重也较轻，它们缓慢行走时可能会四肢着地，而且它们的前肢和掌指也较短。橡树龙可能是最原始的禽龙之一，它们栖居在林地环境中。

088 大约 1.15 亿年前，无畏龙生活在撒哈拉地区，这里当时还是一片分布着森林与溪流的繁茂之地。无畏龙最突出的特征就是从肩部一直延伸到尾部中段的脊板，它可能是用来调节体温或储存能量的。

▲无畏龙的鼻孔后方长着两个宽而扁的隆起，它们的作用可能是吸引异性。

089 禽龙的双掌是所有恐龙中最特别的，它的拇指上长着向外侧生长的怪异爪子，可能是用于戳刺捕食者或切断植物的。

在此时期，裸子植物依然较为繁茂，直到白垩纪晚期，被子植物迅速兴盛，取代了裸子植物，形成了延续至今的被子植物群，其中便有棕榈、桦树等遍布地表。▶

禽龙的双臂长而有力，▲足以触及地面支撑体重。

▲禽龙体格结实，行走时身体大部分呈水平状态。

更大的掠食者

090 经过进化，恐龙的种群数量逐渐增多，掠食性恐龙的体形也变得更大。双脊龙是生活在侏罗纪早期的一种大型肉食性恐龙，长约 6 米，身高约 2.4 米。它们出没于河流、湖泊旁的高地上或丛林间，利用满嘴的利齿、强壮的后肢和脚上的利爪追捕各种小动物以及大型的植食性恐龙。

▼ 双脊龙的嘴巴前端特别狭窄，而且柔软灵活，能伸进矮树丛中或石头缝里将细小的蜥蜴等小型动物叼出来吃掉。

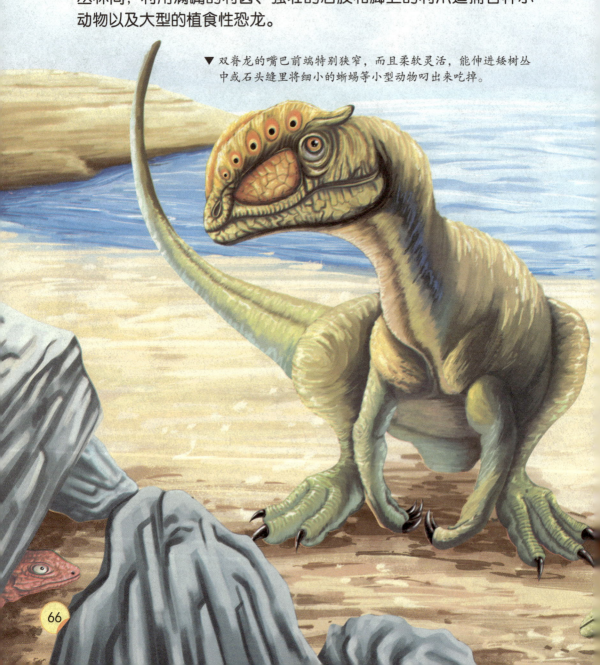

091 化石证据表明，只有雄性双脊龙才生有头冠。这种头冠颜色鲜艳，可能是用来炫耀和吸引异性的。雄性双脊龙之间通过比较头冠的大小和颜色来争取交配权，避免了不必要的争斗。

092 腔骨龙是一种体形较小的早期肉食性恐龙，它们的体长和今天的小型汽车差不多。腔骨龙有尖长的头部、弯曲的长颈、修长的双腿、灵活的长尾，以及尖牙利爪，它们采取集体捕猎的方式获取猎物。

双脊龙能利用头冠轻松撑▼开猎物的皮肤，以便将它们尖尖的嘴巴伸进猎物的腹腔内吃掉其内脏。

原来如此

腔骨龙和双脊龙有密切的亲缘关系，它们的上颌处都有转折区间，前后列之间都有缺口。

093 有些肉食性恐龙的头上有角或刺突，它们就是角鼻龙。目前已知的角鼻龙类至少有 20 种，它们有大有小，最大的体长能达到 7 米，最小的则比狗还小。这些恐龙具有共同的特征，如头部较大、前肢较短、后肢粗壮等。

094 角鼻龙是角鼻龙类群中体形比较庞大的一种，它生活在侏罗纪晚期的北美洲和非洲的坦桑尼亚。角鼻龙的头部大而厚实，生有三个角饰，分别位于鼻子上和额头上。它的头背上还生有一串骨质甲片，这也是它的明显特征之一。

095 角鼻龙的前肢短小，前掌上生有弯钩利爪。它嘴里的牙齿像刀片一样锋利，再加上强健的后肢和长而灵活的尾巴，使它成为当时的高效猎食者。角鼻龙主要捕食植食性恐龙和其他爬行动物。

096 食肉牛龙是角鼻龙的近亲。它的双眼上方长着一对粗短的向外侧伸出的尖角，使它看起来很像一头公牛，它的名字就是这样来的。

▲ 食肉牛龙头上的角太短，无法用于猎杀，但雄性可能会用角来炫耀或吓退竞争对手。

你知道吗？

食肉牛龙这种奇怪的兽足龙长着特别的下颚。相比它厚实的头部来说，下颚显得十分细弱，牙齿似乎也不够坚固，看起来根本无法应付大型猎物。但这也可以推断出食肉牛龙有可能是以腐肉为生的。

▼ 雄性角鼻龙可能
会用角来吓退"情
敌",甚至和"情
敌"大打出手。

坚挺的尾巴

097 有一类恐龙的尾巴不如其他恐龙的尾巴那样灵活，而是十分坚挺，这类恐龙被称为坚尾龙。生活在侏罗纪晚期的巨齿龙是坚尾龙之一，是一种体形巨大的肉食性恐龙，粗壮的脖子支撑着巨大的头颅，前肢虽短，但生有利爪，后肢则粗壮有力。巨齿龙是最早被命名的恐龙，而这名称也被沿用至今。

098 根据出土的巨齿龙颌骨化石显示，巨齿龙的头部长而深，颅骨有空腔，可以减轻颅骨的重量。颌骨上长着巨大的弯曲牙齿，在化石上甚至能看出旧牙脱落的地方已经有新牙长出的痕迹——巨齿龙撕咬猎物时牙齿可能会脱落。

099 大约 1.35 亿年前，非洲猎龙活跃于非洲浅湖和河川的翠绿荒野中，它们是一种体形庞大的坚尾龙，体长能达到 9 米。尽管如此，它们仍然体态轻盈，行动敏捷。它们长着 5 厘米长的刃状牙齿和弯钩一样的利爪，主要捕猎一种叫作西巴瑞亚龙的恐龙。

◀已发现的巨齿龙足迹化石表明，它在行走时脚尖会微微向内倾斜。为了保持身体平衡，它的尾巴可能会左右摆动。

高耸的背脊

100 在约 1.5 亿年前至 9500 万年前，棘背龙类群分布在欧洲、非洲和南美洲境内，与其他大型掠食性恐龙不同，这种恐龙没有适合撕咬植食动物的牙齿和颌部，它们的牙齿和颌部看起来更适合捕食大型的鱼类。棘龙是这个类群中最著名的成员，它的脊背上耸立着一排骨片，最高处达 1.5 米。

101 20 世纪 80 年代，有人在英国南部意外地发现了一种怪异的恐龙化石，这种恐龙的颅骨与现代鳄鱼十分相似，它就是坚爪龙。坚爪龙站在河边，伸长脖子靠近水面，用颌部捕捉水中的鱼类，它也可能站在水里，用钩状拇指爪把鱼从水中捞出来。

▲坚爪龙的爪子呈镰刀状，而且十分巨大，长度超过了 30 厘米。

102 和坚爪龙一样，似鳄龙也拥有类似鳄鱼的颌部，两颌内生有锐利的牙齿。此外，似鳄龙还长着有力的前肢和锋利的爪子，背上生有低矮的棱脊，两个鼻孔位于头部后端，使得它在水底觅食时还能呼吸。这些特征显示出，似鳄龙应该也会捕食鱼类。

▲ 除了背上的棱脊，似鳄龙和坚爪龙的其他特征都很相像，于是有人猜测，坚爪龙长大了就是似鳄龙。

▼ 棘龙的体形几乎和暴龙相当，不过要比暴龙轻盈很多。棘龙脊背上高耸的骨质帆状物可能是用于炫耀或调节体温的，也可能像驼峰一样是用来储存能量的。

长羽毛的恐龙

◀ 伶盗龙长着锋利的牙齿和尖尖的爪子，这些都是它的捕食利器。

103 有些恐龙的身上长着羽毛，它们的样子看起来更像鸟类。伶盗龙的羽毛具有很好的保暖效果，所以它的血是热的。虽然伶盗龙不能像鸟类一样飞翔，但它在陆地上的奔跑速度也非常快。

104 小盗龙的体长不足半米，体重不足 500 克。它的体形与鸟类十分相似，身上和四肢都覆盖着羽毛。它或许可以从树上滑翔到地面。

105 中华龙鸟化石于 1996 年在中国辽宁省西部被发现。开始时人们认为中华龙鸟是一种原始鸟类，最后它们被证实是一种小型肉食性恐龙。中华龙鸟生活在白垩纪，体长 1 米左右，前肢较短，有锋利的爪，后腿较长，适合奔跑。

原来如此

热河生物群是中国东北地区的重要陆地生物化石库，主要分布在辽宁省，也覆盖了河北省和内蒙古自治区的部分地区。

巨大的爪子

106 镰刀龙类群全身覆盖着羽毛，前肢上长着镰刀状的巨爪，看起来绝对是肉食性恐龙，但它们却是相对清淡的"食客"。镰刀龙是所有恐龙中最神秘的种类之一，是出现最晚的巨型植食性恐龙，体长能达到10米以上，头小颈长，巨大的爪子长达1米。

107 镰刀龙的身体构造显示，它们的生活方式可能和今天的大猩猩类似。镰刀龙可能利用长长的后肢缓慢行走，有时还会用前掌撑起上半身，四肢着地时可能会像大猩猩一样用指关节走路。镰刀龙也可能利用臀部坐在地上，并用尾巴支撑着身体，然后伸长脖子去啃咬树木。

108 懒爪龙是镰刀龙在北美的亲戚，它身体的结构和镰刀龙一样，但它的爪子更像树懒的爪子，它的名字也是这样来的。研究认为，懒爪龙化石发掘地在恐龙时代是位于水底的，这一发现改变了人们对当时这一地区地理环境的认识。

▼ 懒爪龙存在于9000万年前的地球上，它们的栖息地可能是森林和沼泽的交汇地带。

▲ 镰刀龙的尾巴僵直，因为它的尾骨上长着被称为骨棒的支撑物。

▼ 镰刀龙的爪子虽长，却不适合用来攻击。科学家认为，镰刀龙会用巨大的爪子刨开地面，寻找甲虫、蚂蚁和其他昆虫来吃，它们也可能用爪子拽住树枝，然后把树叶塞到嘴里。

109 大约 1.2 亿年前，北票龙生活在气候温暖、湖泊交错、植物繁茂的中国辽西地区。北票龙 2.2 米的身长和 0.8 米的身高看起来极不协调，再加上大大的头部和圆鼓鼓的大肚皮，真是难看至极。

原来如此

传统意义上人们大多认为恐龙是长有鳞片的爬行动物，直到发现了北票龙。由此，科学家们推论，生存年代晚于北票龙的大多数肉食性恐龙都是身披原始羽毛的爬行动物。

110 人们通过观察化石，发现北票龙的双臂、双腿表面都覆盖了纤细的羽毛，可能身体的其他部位也有。自此，恐龙在人们心中的传统形象被改变了，它们不单单是身披鳞片的爬行动物，也可以是全身长满羽毛的"大鸟"。

111 阿拉善龙是镰刀龙的亲缘种类，身长约 3.8 米，体重和现代的斑马差不多，它们的嘴里长着数量众多的牙齿，爪子没有其他镰刀龙的长。

阿拉善龙发现于中国内蒙古自治区的阿拉善沙漠，它的发现帮助人们推断出了镰刀龙类的大致轮廓。▶

巨型杀手

112 在暴龙之前已经有巨大的肉食性恐龙出现，有些种类的体形甚至超过了暴龙。异特龙是一种早期的巨型肉食性恐龙，最大身长9.7米，体重3.6吨，长着庞大的颌部和狭长弯曲的长牙，前肢强壮，掌指上生有锐利的爪子，后肢肌肉发达。

113 异特龙的颌部不仅能上下张开，还能向左右两侧撑开，这使得它能大口地从猎物身上咬下肉块，这样的颌部结构完全得益于颅骨上活动自如的关节。异特龙的颅骨也能沿着下颌向后滑动，有利于刀状牙齿顺利割开猎物的肌肉和软骨。

异特龙在侏罗纪末期到白垩纪末期活跃于南北美洲、欧洲和非洲等辽阔地区。▶

114 在异特龙称霸北美大陆之前，永川龙已经是侏罗纪时代亚洲最大的捕食者。永川龙化石发现于中国四川的自贡，这种恐龙体长能达到11米，头部近1米长，略呈三角形，它的嘴里长满了匕首一样锋利的牙齿，灵活的前肢上长着利爪。

▲ 永川龙

与此相关 永川龙喜欢单独活动，常在丛林、河边等地方寻找捕猎的对象。一些植食性恐龙一旦被它盯上，几乎没有逃脱的可能。这样的行为习惯和今天的虎、豹等大型捕食动物非常像。

▼ 南方巨兽龙的牙齿中空，牙齿两侧都非常锋利，仿佛是专门为切割猎物的血肉而生的。

115 大约1亿年前，南方巨兽龙生活在今天的阿根廷，它是比目前已知最大的暴龙还要大的巨型肉食性恐龙，体长能达到13米，体重能达到10吨，仅仅是颅骨的长度就与普通人的身高差不多。庞大结实的身躯和尖牙利爪使这种恐龙成为当时最危险的杀手。

▼ 鲨齿龙的牙齿和鲨鱼的牙齿很像，边缘有锯齿，非常锐利，人们就是根据牙齿的这一特征来给它命名的。虽然体形巨大，但鲨齿龙依靠群体捕食。

116 几乎在同一时期，鲨齿龙活跃于北非地区。鲨齿龙的体长最长能达到14米，体重至少有7吨，不过，它的头部要比南方巨兽龙小。

117 大约8700万年前，马普龙生活在今天的阿根廷，它的体形比鲨齿龙和南方巨兽龙还要大，它能捕获和它生活在同一时期的阿根廷龙。阿根廷龙体长30米，体重也比马普龙重10倍。

从出土的化石来看，各个年龄段 ▶ 的马普龙会一起迁徙，可能也会共同狩猎。

集体猎食

▼ 遭受围攻的大型植食性恐龙在倒下之前可能也会给恐爪龙造成致命的伤害。

118 小型肉食性恐龙无法凭借个体的力量完成捕食，所以它们选择集体猎食的方式。恐爪龙生活在约 1.1 亿年前，身长不足 4 米。它们通过团结协作能轻易地捕食比它们大好几倍的猎物。

119 恐爪龙擅长奔跑和跳跃，有利于突袭猎物。硬挺的尾巴能在奔跑和跳跃时帮助保持身体的平衡。大大的眼睛使视野广阔，能较早发现猎物。锋利的牙齿能在搏斗的过程中有力地撕咬猎物。

120 恐爪龙的后足上长着像镰刀一样的巨大爪子，看起来非常吓人。恐爪龙前肢短小，后肢粗壮，主要依靠后肢直立行走。为了保护大爪子，恐爪龙在奔跑时会尽量将它们抬起来。

▼ 恐爪龙悄悄地隐藏在草丛中，等待猎物靠近，然后一拥而上将猎物制服。为了避免麻烦，恐爪龙会选择脱离群体的老年恐龙作为捕食对象。

原来如此

人们猜测，不管恐爪龙的体表覆盖的是鳞片还是羽毛，都有可能带有各种颜色或图案，以便于它们能巧妙地融入周围的环境中。

恐龙新发现

▼ 和世界上其他驰龙类恐龙不同，南方盗龙的牙齿是圆锥状的。

原来如此

在电影中，科学家通过从化石中获取的恐龙DNA成功地复活了恐龙，而在现实中，科学家也正在尝试着将电影中的故事变成真的。

121 迄今为止，近千种恐龙已经被辨识出来，但可能还有很多恐龙是我们不知道的，世界上平均每两周就会有一种新的恐龙化石被发现。南方盗龙是2008年新命名的一种恐龙，它是南美洲最大的驰龙类恐龙。

122 盗暴龙是暴龙的祖先，外形与暴龙相似，头部较大，前肢短小，生有两指，后肢修长，适合奔跑。盗暴龙的体长只有3米，体重只有65千克。

▲ 盗暴龙化石发现于中国，它们生活在距今1.25亿年的早白垩纪。

123 大约1亿年前，南方猎龙和迪亚曼蒂纳龙分别为澳大利亚最大的肉食性恐龙和最大的植食性恐龙。南方猎龙身长6米，是一种轻型的掠食动物，也像其他肉食性恐龙一样利用双足行走。迪亚曼蒂纳龙身长能达到15米，但也可能被南方猎龙捕杀。

◀ 南方猎龙和迪亚曼蒂纳龙

恐龙的蛋与窝

124 恐龙通过产蛋来繁衍后代，恐龙蛋的大小和形状因为种类的不同而存在差别，肉食性恐龙的蛋大多呈瘦长形，植食性恐龙的蛋则比较圆。暴龙的蛋呈香肠状，长约 40 厘米，宽约 15 厘米；而腕龙的蛋则可能是圆形的，大小和篮球差不多。

125 目前已经发现了许多种恐龙的蛋的化石，原角龙便是其中一种。原角龙是一种大小与猪差不多的恐龙，8500 万年前生活在今天亚洲的戈壁沙漠地带。

与此相关 如今，很多爬行动物会在河岸边或海边挖土成穴，在穴中产卵，然后覆盖上沙土，利用自然气温孵化。史前时代生活在河岸附近或海边的恐龙可能也会这样繁衍后代。

126 恐龙蛋的壳不像鸟类的蛋壳那样易碎，而是像大多数爬行动物的蛋壳一样有点儿像皮革，具有一定的柔韧性。

▲腕龙蛋化石与暴龙蛋化石

▼原角龙会在干燥的土壤中挖穴产蛋，土穴直径1米左右，呈碗状。

127 已经发现的恐龙化石中，既有刚孵化出的小恐龙化石，也有正在孵化过程中的恐龙蛋化石。蛋的整个孵化过程可能需要3~6个月不等，确切的时间取决于恐龙的种类。

128 一般而言，产长形蛋的恐龙会将蛋产在用泥沙堆出的隆起周围，蛋的排列规律是两两相邻，呈辐射状，而且不止一层。产圆形蛋的恐龙只是将蛋产在挖好的土穴里，并用泥沙覆盖，蛋的排列没有规律可言。

129 有些恐龙一次只产几枚蛋，有的则一次在一个窝里产下二三十枚蛋，甚至更多。通常，植食性恐龙一次产的蛋数量较多，而肉食性恐龙则相对较少。体形巨大的恐龙可能会在一年之内产几次蛋。

130 大多数恐龙只是简单地把蛋产在窝中或埋在土里后就会离开，让蛋自行孵化。小恐龙孵化出来后必须自己寻找食物，还要时时提防肉食性恐龙的袭击。但是，也有一些恐龙会悉心照料它们的后代，如之前提到的马门溪龙和鹦鹉嘴龙。

▼一群小恐龙刚刚孵化出来。

偷蛋还是护蛋？

191 大约 8000 万年前，一只两米长的窃蛋龙和一窝恐龙蛋一起被埋在了土中并慢慢形成了化石，人们一直认为它在偷蛋。直到后来，人们发现了更多的窃蛋龙以及类似的蛋，才知道窃蛋龙并不是在偷其他恐龙的蛋，而是在保护自己的蛋。

192 窃蛋龙较短的头部更像鸟类，轻巧的颅骨大多是由轻细而坚固的骨质支架构成。双颌形成厚实的无齿嘴喙，眼睛很大，鼻拱上有高耸的骨质头冠，冠上覆盖了角质鞘。

133 窃蛋龙的蛋是椭圆形的，长约17厘米。窃蛋龙妈妈每次产下超过18颗蛋，并将它们按照螺旋状排列在窝中。在温度较低的夜晚，窃蛋龙妈妈蹲伏在蛋上，利用体温来保暖。到了白天，窃蛋龙妈妈又用身体和双臂的柔软羽毛来掩护这些蛋，以避免太阳的暴晒。

▼ 窃蛋龙生活在今天蒙古和中国的戈壁沙漠地带，它们的身体上覆盖着大范围的羽毛。它们可能用生有羽毛的翅膀像鸟类一样庇护幼崽。

与此相关 和窃蛋龙一样，鸟类几乎都有筑巢、孵卵的繁殖行为，这也是人们怀疑鸟类是从恐龙进化来的原因之一。

恐龙好妈妈

194 有些恐龙会悉心地照顾后代。慈母龙属于鸭嘴龙，它们会在温暖的地方用泥土堆起一个窝，然后在窝内产卵并孵化出小恐龙。慈母龙成群生活，而小慈母龙在几个月大时就会跟随队伍迁徙。它们紧紧跟在妈妈身后，妈妈会在危险时保护它们。

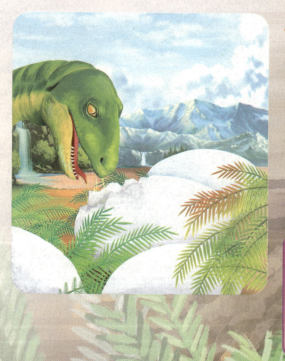

135 为了保护后代，慈母龙妈妈会用植物把蛋盖起来。尽管如此，还是会有偷蛋贼来窝里偷蛋。它们把蛋壳打破，然后把蛋液喝个精光。

原来如此

慈母龙是植食性恐龙，它们会把小树枝、浆果和其他细嫩的植物带回窝里喂给小恐龙吃。

196 慈母龙的窝是一个直径两米左右的泥堆，最多能容纳20只小恐龙住在里面。刚孵出的小恐龙必须待在窝里，因为它们的腿骨还不够强壮，还不能到处跑动。

▼慈母龙生活在 7500 万年前的北美洲地区。成年慈母龙的体长能达到 9 米，体重在 3 吨左右，而一只刚孵化出的小慈母龙则只有 30～40 厘米。

▲出土的巢穴化石上有被重复挖掘和修缮的痕迹，这说明慈母龙可能总是回到同一个地方繁殖后代。

137 鹦鹉嘴龙也是非常负责任的妈妈。鹦鹉嘴龙也会给幼崽喂食，保护幼崽不被伤害，直到它们能独立生活。鹦鹉嘴龙长着像鹦鹉嘴那样弯曲的喙，这种恐龙在地球上存活了 4000 万年，是恐龙中存活时间较长的一种。

在阳光明媚的日子里，鹦鹉嘴龙会和孩子们一起外出活动。成年鹦鹉嘴龙时刻观察着周围的动静，以防捕猎者的突然袭击。▶

138 鹦鹉嘴龙的四肢各长着四根趾头，并生有长足趾和利爪，这说明它们可能是挖掘能手，除了采摘嫩枝和浆果，可能还会挖食根茎。

与此相关 鹦鹉嘴龙的颅骨和鹦鹉十分相似，不同之处在于，鹦鹉的上颌能和颅骨的其他部分分开独立移动，而鹦鹉嘴龙的鹦鹉嘴状喙骨是和颅骨连在一起的。

199 鹦鹉嘴龙的喙部拥有强大的咬合力，表面覆盖着一层角质，能轻易咬断嫩枝和坚硬的果实。但鹦鹉嘴龙没有适合咀嚼和磨碎植物的牙齿，所以它们需要吞食一些小石头来帮助消化胃中的食物。

▼鹦鹉嘴龙的两颊上生有角状饰物，可能是用于打斗或求偶炫耀的。

峥嵘头角

140 角龙出现在恐龙时代末期的白垩纪，它们的头上都长着数量不等的角以及延长的颈盾，头部前端是钩状的嘴。早期的角龙还没有进化出巨大的尖角，体形也较小，比如原角龙的体长只有约两米，只在双眼之间有一只小型鼻角。

141 目前只有几种恐龙的化石标本能达到数十件之多，原角龙便是其中之一。原角龙化石大多数发现于蒙古境内的戈壁沙漠，数量多到让古生物学家称它们为"戈壁的绵羊"。

142 在所有原角龙化石中，最有名、最伟大的发现是一只原角龙与一只伶盗龙厮杀的"场面"。可能是崩塌的沙丘掩埋了两只战斗中的恐龙，最终它们以化石的形式保存下来。

▶ 原角龙四肢修长，说明它们可能会高速奔跑；尾部有峰，可能用于求偶或储存脂肪。

▼原角龙颈盾边缘的骨头都很薄，骨缝处覆盖着外皮。

149 雌雄原角龙在未成年之前几乎看不出差别，成年后，雌性的颈盾会比雄性窄，口鼻部也比雄性低。

144 进化型角龙具有更大型的身体和角饰，它们的头部又大又长，差不多占到身体长度的四分之一还多，厚实的钩状嘴喙和切割食物的牙齿能应付大多数植物。它们对肉食性恐龙的防御也更加积极、成功。

◀如果遇到肉食性恐龙的攻击，三角龙会冲过去，用尖角对准敌人猛刺。

145 三角龙的头上长有三只角，较短的一只长在鼻子上，较长的两只长在眼睛上方，它的脖子和肩膀上方也长着坚固的颈盾。不过它只是一种大型植食性恐龙，大部分时间都在安静地吃草。

戟龙生活在 7700 万年前～7300 万年前的北美洲，它们硕大的嘴喙里虽然没有牙齿，但也能扯下树枝和低矮的植物。▶

146 有些角龙的颈盾边缘也会长出向后伸出的长角。戟龙的颈盾边缘就长着 6 只醒目的骨质长角，长角周边还有很多小角，鼻拱上还有一只指向前方的巨大尖角，这些构造使得戟龙成为外形最壮观的角龙之一。

凶猛的小个子

147 侏罗纪时期，有些恐龙的体形相当于今天的狐狸和狼。与大型恐龙相比，它们绝对是小个子，但它们性情凶猛，是令很多动物望而生畏的掠食性动物。美颌龙是著名的小型掠食性恐龙，行动速度飞快，捕猎蜥蜴、小型哺乳动物和其他比它体形小的动物。

148 美颌龙的头部长而低平，颅骨结构轻巧，大部分由纤细的骨质支架构成，支架之间有很宽的缝隙。美颌龙的下颌看起来很单薄，好像随时都会断裂。上下颌内稀疏地分布着弯曲的小尖牙。

美领龙生活在温暖的沙漠、岛屿上，它们极有可能是当地最大的掠食性动物。

149 嗜鸟龙的外形很像美领龙，但它们的体长只有美领龙的一半，而且它们的双掌较长，能进行高效率的抓握。嗜鸟龙的捕猎对象包括蜥蜴和早期鸟类，也可能包括一些大一点儿的动物。

嗜鸟龙也被称为鸟窃龙，它早于鸟类存在且奔跑速度极快。

似鸟的恐龙

150 有些恐龙的身体构造和今天的鸵鸟非常相似，很多人可能会将它们当作鸟类，实际上它们只是长得像鸟的恐龙。它们与现代鸟类还是有很多明显的不同之处，如尾巴是由骨质的长尾椎组成，无翅膀。

151 似鸵龙的脖子、前肢、前爪和腿都很细长，虽然它的嘴里没长牙齿，但它却喜食肉类，能捕获小型爬行动物和哺乳动物，也吃昆虫和水果。和似鸡龙相比，似鸵龙的前肢更长，前掌也更有力量，但抓握能力不如似鸡龙。

▼ 似鸵龙的奔跑速度远超过人类，能和马跑得一样快。僵直的长尾巴能在奔跑时帮助它们保持身体的平衡。

你知道吗？

科学家认为形似鸵鸟的恐龙和似鹈龙类的恐龙都能够跑得和鸵鸟一样快。因为这三类动物都进化出了短跑健将般的双腿，足骨与趾骨都很长，短距离的冲刺十分厉害。

152 似鸡龙是已知最大的鸵鸟状恐龙，体长是一般成人的 3 倍。似鸡龙的头部较小，脖子长而灵活，嘴喙也很长，大眼睛位于头部两侧，视野十分宽广。它们可能在开阔的荒野中到处游荡并啄食植物，也可能捕捉蜥蜴和其他小型动物。

似鸡龙的双臂相对短小，掌部前端是又长又尖的爪子。▶ 它们可以用爪子扒开泥土寻找食物，也可以在进食时钩住叶子茂密的树枝。

特别的尾羽龙

153 尾羽龙混合了鸟类和恐龙两种动物的特征：嘴喙、羽毛和短尾使它看起来像鸟类，牙齿和骨骼构造却又明显地表明它是恐龙。由此推测，尾羽龙可能是一种祖先会飞的恐龙，也可能是由丧失飞行能力的鸟类进化而来的。不过，大多数人都认为它是一种恐龙。

154 尾羽龙头部较短，嘴喙尖锐，上颌前端有锐利的牙齿，下颌没有牙齿。前肢较短，生有带短爪的三指，还有对称的羽毛。双腿较长，足部类似鸟爪，有三根向前伸的脚趾，适合奔跑。

▼ 尾巴末端的扇形
羽毛是尾羽龙最
明显的特征。

155 尾羽龙体表的大部
分都覆盖着羽毛，而且
羽毛的类型也不同。有
些是短绒毛，可以保暖；
有些是结构清晰的翎毛，
有翅脉和羽管，前肢和
尾部长的就是这种羽毛。
这些羽毛可能颜色鲜艳，
用于炫耀求偶。

与此相关 和尾羽龙一样，现代鸟类的体表都覆盖羽毛，
这些羽毛主要有两大功能，即保护功能和吸引
异性的功能。

聪明的掠食者

156 大约在 7000 万年前，伤齿龙活跃于今天的北美洲西部。它们是一种长腿掠食性动物，体形修长，外形似鸟，体长和高大的人类差不多。它们主要以鸟类、蜥蜴、蛇类和小型哺乳动物为食，可能也会猎杀未成年的恐龙。

▼ 伤齿龙长着锯齿状的弯曲牙齿，足部也长着像弹簧刀一样的第二趾爪。

157 伤齿龙的脑容量相对于它们的身体来说绝对是恐龙中最大的，这意味着伤齿龙是恐龙中的智者。它的视觉和嗅觉都很灵敏。

与此相关 伤齿龙会把蛋产在刚干涸的湖底或沼泽地的湿润泥土里；它们也可能选择在水边的沙地上用爪子刨出一个坑，然后把蛋产在坑中松软的沙土中，并用沙土把蛋埋起来。

158 伤齿龙是活跃敏捷的掠食性动物，这和它的骨骼构造也有很大关系。低长的颅骨能容纳更大的脑室，颌部内还生有 120 颗左右用来切割的小利齿。半月形的腕骨能做出抓握动作，像篮子一样的腹肋骨能协助肺部发挥呼吸功能。

▼ 伤齿龙生有一对大眼睛，瞳孔可能像猫科动物一样是垂直的，这使得它能在夜间捕食。

凶残的暴龙

159 暴龙生活在晚白垩纪的北美洲西部和亚洲一带，是恐龙世界中最强的肉食性恐龙之一。霸王龙是体形最庞大的暴龙，体长能达到12米。它既捕食活的动物，偶尔也吃动物尸体的腐肉，有时还会抢夺其他捕食者的食物。

160 暴龙类恐龙的头部普遍较大，口鼻部短而厚实，使得整个头部从侧面看起来像个盒子。嘴里长满了锋利的牙齿，这些牙齿能轻易咬穿猎物的皮肉，并咬碎喉骨和颈椎骨，而且这些牙齿损坏或脱落后，还能长出新的。

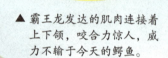

▲ 霸王龙发达的肌肉连接着上下颌，咬合力惊人，威力不输于今天的鳄鱼。

▲ 艾伯塔龙的嘴里也长满了粗壮锋利的牙齿，数量甚至比霸王龙还多。

161 在暴龙中，有一些体形较小的种类，它们不是靠庞大的身躯取胜，而是以速度取胜。艾伯塔龙就可能是跑得最快的暴龙，它们的奔跑速度能达到每小时 48 千米。

▲ 与庞大的身躯相比，霸王龙的前肢相当短小，但上面长着两根锋利的爪子，能在进攻时撕裂对手的皮肉。

原来如此

霸王龙平时独来独往，只在繁殖期，雄性和雌性才待在一起。雄性会在雌性面前显示自己的捕猎能力，或者将自己的食物分给雌性，以赢得异性。

庞然大物

162 蜥脚类恐龙绝对是恐龙时代的庞然大物，这些大家伙有很多共同特征，如小脑袋、长脖子、水桶状的身体、末端很细的长尾巴和柱子一样的四肢。比如鲸龙就是蜥脚类恐龙的代表，体长可达18米。鲸龙的牙齿呈勺子形，靠啃食蕨类叶片或小型的多叶树木为生。

▲ 鲸龙可能成群结队地在海滨低地到处游荡，这片活动区域就是今天的英国。

▼ 蜀龙的尾巴末端生有坚硬、沉重的骨质尾锤，蜀龙可能用它来保护自身不受捕食者的侵害。

163 蜀龙和鲸龙生活在同一时期，但蜀龙生活在侏罗纪中期的中国，体长可达10米。与其他大型蜥脚类恐龙相比，蜀龙的颈部和尾部都比较短。

原来如此

蜥脚类恐龙的牙齿只能将植物撸进嘴里，却不能咀嚼，所以它们会吞食一些鹅卵石和有棱角的小石块来帮助碾磨和压碎食物。

112

164 有时，人们会在同一地点发现数百个巨大的蜥脚类恐龙的脚印化石，这表明当时有许多蜥脚类恐龙成群结队地从这里走过，于是，人们推测蜥脚类恐龙可能是过群居生活的。

165 地震龙的体长可能长达 34 米，它过去一度被认为是地球上存在过的最大的动物。它虽然外表庞大，却体态轻盈。它的脖子也相当长，但不能抬得很高，因而只能以低处的叶子为食。

166 侏罗纪时期，地球植被十分茂盛，植物的大面积生长为大型植食性恐龙的兴盛奠定了基础，其中松柏类、苏铁类与银杏类极其繁盛。马门溪龙的体长能达到 20 多米，它的长脖子就超过了 10 米。马门溪龙每天要用 20 个小时不停地进食，以维持巨大身体的正常活动。

▼ 与巨大的身体相比，马门溪龙的脑袋却很小，甚至还不如马的脑袋大呢。

▲地震龙修长灵活的尾巴能像皮鞭一样挥击出爆响。

167 重龙的体长可达 27 米，长长的脖子几乎占了体长的三分之一。它还长着一条长长的尾巴，摆动起来可以作为击退捕食者的有力武器。如果它们用后肢站立起来并完全伸展身子，头部可以离地 15 米高，有利于吃到树顶的嫩叶。

原来如此

马鸣溪是宜宾市柏溪地名。1952 年，科学家在这里发现了一些骨骼化石，后经鉴定，将其命名为马鸣溪龙。可是由于命名的人带有口音，所以别人都听成了马门溪龙。

长脖子的腕龙

168 专家估计，腕龙的体重能达到 30~47 吨，但是腕龙可能也没有我们想象中的那么重，它身上的很多骨头都是中空的，能减轻部分重量。尽管如此，腕龙的四肢要支撑庞大的身躯，都是骨壁厚重的大型骨骼，它的体重自然也十分惊人。

169 腕龙的头部非常小，颅骨形状怪异，一根高而弯曲的骨柱隔开了位于头部顶端的鼻孔。腕龙的口部长而低矮，颌部坚固，嘴中长着匙状的大型牙齿。腕龙的眼睛位于眼窝内，眼窝后面是较小的脑室。

170 在侏罗纪晚期，许多不同种类的蜥脚类恐龙生活在一起，它们中身材矮小的以靠近地面的植物为食，而身材高大的则以高处的树叶为食，腕龙便是后者。腕龙的头部能抬到离地面 13 米高的位置，使得它的身高足足有长颈鹿身高的两倍。

腕龙可能喜欢长时间待在水里，水的浮力能弥补腕龙体重过大、行动不便的弱点，位于头部顶端的鼻孔也有利于它在水面上呼吸。

这种高达数米的大型树木，是在泥盆纪晚期才开始陆续出现的，也是最适合腕龙食用的食物之一。▶

◀前腿长、后腿短的身体构造有利于腕龙取食高处的树叶。

泰坦龙家族

171 泰坦龙为蜥脚类恐龙的一种。目前已知的泰坦龙种类约有20种，它们几乎遍布世界各大洲，但最重要的泰坦龙类化石都发现于南美洲。体长12米的索他龙是泰坦龙家族中体形相对较小的成员，属于植食性恐龙，有短粗的四肢、鞭状的尾巴。

172 索他龙的身上覆盖着两种类型的坚甲，一种是排列紧凑的如豆粒般大小的隆起，一种是四散分布的拳头大小的骨质护板，这两种坚甲使得索他龙的防卫能力更强了。

◀ 和其他蜥脚类恐龙一样，索他龙可能也以低矮的蕨类或高处的树叶为食。

173 阿根廷龙可能是恐龙种类中体形最为庞大的一种，体长 40~42 米，体重能达到 91 吨，相当于 20 头大象的总重量。尽管当时也有一些恐龙和阿根廷龙一样长，甚至比它们还要高，但阿根廷龙比它们都重得多。

◀ 阿根廷龙四肢粗壮，足掌上生有尖爪，尾巴可能也像细长的鞭子一样。

174 人们还在阿根廷第一次发现了蜥脚类恐龙蛋的化石，这些蛋的大小和鸵鸟蛋差不多，它们四散分布在辽阔的繁殖场中。有些蛋的内部是化石化的胚胎，胚胎上还有皮肤痕迹。

长着鸟脚的恐龙

175 鸟脚类恐龙的后足和鸟脚十分相似，长着三根前伸的足趾，趾端有或尖或钝的爪。这类恐龙刚出现时还没有狗大，经过进化，有的身长可达7米。它们普遍前肢短后肢长，并用后肢行走。

莱索托龙是一种鸟脚类恐龙，是生活在侏罗纪早期的植食性恐龙。

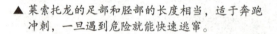

▲ 莱索托龙的足部和胫部的长度相当，适于奔跑冲刺，一旦遇到危险就能快速逃窜。

176 大多数鸟脚类恐龙没有锋利尖锐的爪子或牙齿来用于自卫，快速逃跑是它们遇到危险时能采取的唯一措施。体长1.5米的棱齿龙能像羚羊一样躲闪和迂回奔跑。

177 鸟脚类恐龙的颈部和牙齿都有共同的特征，使得它们能有效地采食并咀嚼植物。后期的鸟脚类恐龙甚至进化出了数百颗用于磨碎植物的牙齿，以及有助于牙齿咬合的特殊的颅骨结构。

178 弯龙是禽龙家族中最原始的成员，身长5~7米，前肢短，后肢长，基本上用两条后腿走路，但也能用四肢走路。

▲ 棱齿龙生活在白垩纪早期的北美洲和西欧，它们的牙齿非常适合咀嚼这一时期的坚韧植物。

全副武装

179 为了保护自己，有些恐龙的身上长着显眼的骨质棘钉和骨板。棱背龙的全身都披着护体铠甲，背上生有骨质鳞片以及两行骨质尖刺，身体侧面生有骨质硬刺，头上也有成串的骨质护板，简直防护得滴水不漏。

180 这一时期的肉食性恐龙还没有发展出尖牙利齿和强健的肌肉，类似棱背龙的铠甲已经足以应付它们了。即使肉食性恐龙的牙齿能咬穿这些动物的外皮，它们的牙齿也会碰到很多硬块，之后就再也咬不下去了。

181 小盾龙身体修长，四肢细瘦，背部、体侧和尾部分布着300多块骨质鳞片，最大的鳞片沿着背部中央排成一列或两列。它平时采取爬行姿态，但逃跑时可能会用后肢奔跑。

棱背龙的前肢比后肢短很多，它们以四肢行走，紧急时刻或许也可以用后肢站起。

▲小盾龙奔跑时，长长的尾巴能保持身体的平衡。

棱背龙的头部较小，颌部弯曲，虽然颌部前端长有树叶状的细小牙齿，却不是用来咀嚼的，而是简单地上下运动以便能切断、咬碎植物的嫩叶或果实。

182 剑龙是生活在侏罗纪晚期的大型植食性恐龙，它的颈部、背部和尾部高耸着两排骨质护板。这些骨板上分布着毛细血管和神经，能通过吸收或散发热量来调节体温，也能通过充血变色来威吓捕食者。它的尾巴靠近末端区域，有两对尖刺。这些装甲可以用来防御一些兽脚类的掠食者。

183 剑龙体长 7~9 米，身材绝对算得上巨型，可是它的脑容量只有核桃大小，几乎是所有恐龙中最小的，这说明剑龙可能是恐龙世界中最笨的成员了。

▼ 剑龙粗大的尾巴末端长着四根尖利的尾刺，如果有大型肉食性恐龙袭击，它就挥动尾巴保护自己。

▲ 剑龙狭窄的嘴喙适合啃食柔软多肉的低矮植物。

184 钉状龙属剑龙类，同样生活在东非，但个头儿仅为剑龙的四分之一，最大约 4.5 米，背上、尾部和腹肋两侧长着很多又长又尖的棘刺。钉状龙颅骨狭长，行走时头部悬空低垂。它主要以蕨类和长在河边的其他低矮植物为食。

185 华阳龙是化石发现于中国四川的一种早期剑龙，它可能是世界上最早的剑龙类恐龙，生存于1.65亿年前，比北美洲的剑龙早约 2000 万年，个头儿与钉状龙相当。

原来如此

有科学家认为，剑龙臀部区域的脊髓拥有较大通道，能够提供空间存放一个相当于脑部 20 倍大的构造。也就是说剑龙类的恐龙尾部拥有一个"第二大脑"，可能用来控制身体的后半部。

装甲恐龙

186 甲龙科在侏罗纪晚期出现，整个白垩纪都活跃于北美洲、欧洲与东亚地区。甲龙的身长在 3~10 米之间，头颅骨长宽大致相等。

▼ 甲龙左右挥舞灵活的尾巴，带动骨棒发出重击。

▲ 甲龙的四肢强壮有力，可以稳稳地支撑住身体，只要它的重心向下一些，就会像扎马步一样稳。

187 甲龙行动缓慢，没有尖牙利爪，遇到危险时，身上的骨质护板或棘钉可保护自己，最主要的反击武器是尾巴末端的骨质突块，除此之外，肌肉发达的尾基部也依旧灵活，能够任意挥舞，并对对手发出致命的一击。

188 大多数身披坚甲的恐龙都是植食性恐龙。甲龙的头部前端是坚硬的嘴喙，能把植物咬断，然后再吞到嘴里咀嚼。甲龙的牙齿特别小，一般会啃食植物的嫩枝叶和多汁的根茎。

189 新头龙是白垩纪晚期北美洲最常见的甲龙，它的体长能达到7米，全身披挂着护甲、骨突、骨质碟片以及尖刺，甚至武装到眼睑。这种恐龙会在林间空地缓步前行，也可以瞬间迈步小跑。

190 生活在 1.25 亿年前北美洲的加斯顿龙的身上也披挂着惊人的铠甲，它的头部长着四只尖角，颈部包裹着骨质圆环，背部是成排的尖刺和骨突，臀部也有连接在一起的骨质碟片保护。它的脊椎骨两侧是向上、向外弯曲的大尖刺，看起来十分恐怖。

191 敏迷龙生活在 1.15 亿年前的早白垩纪晚期，是科学家在南半球发现的第一条甲龙，也是甲龙家族中个头儿最小的"伙伴"。敏迷龙的体长不到 3 米，背部长着成排的小型骨质碟片，臀部长有三角形尖刺。与其他装甲恐龙不同，这种恐龙的骨质碟片都是水平生长的，可能具有强化脊柱的作用。

192 生活在 8000 万年前的埃德蒙顿甲龙体形庞大，背部和尾巴上布满了成排的骨质甲板和尖刺，双肩上也生有长长的尖刺和大块甲板。

193 埃德蒙顿甲龙的头部呈狭窄的梨状，从侧面看很像绵羊的头部。颅骨是由多块骨质护板紧密拼合而成的，增加了颅骨的厚度，这使得肉食性恐龙想要咬穿它的颅骨几乎是不可能的。

◀ 双肩上的骨质长棘钉是埃德蒙顿甲龙对抗大型肉食性恐龙的主要武器，它们可以重创这些恐龙的腿部。

鸭嘴龙家族

194 鸭嘴龙生活在禽龙之后的白垩纪，它们都长着鸭嘴状的嘴喙。数百颗牙齿紧密地排列在一起，适于磨碎坚硬的植物。虽然鸭嘴龙的体形巨大，但它们仍然无法逃脱被肉食性恐龙捕食的命运。

195 鸭嘴龙头骨高大，脸部很长，前上颌骨和前齿骨向前延伸并横向扩展，形成了宽阔的鸭嘴状吻端。吻部没有牙齿，而是代之以角质喙，能夹住植物。

鸭嘴龙可能是由禽龙进化 ▼
而来的，亚洲、北美洲以
及欧洲都曾发现过它们的
化石。

196 鸭嘴龙的后腿长而有力，前腿则相对较短小，脚上生有三根脚趾。它们平时会用四足行走，行走时尾巴向后伸直，以保持身体平衡，遇到危险时可能会用后腿快速奔跑，也可能会涉水前进。

原来如此

鸭嘴龙生活的白垩纪晚期是恐龙发展的顶峰时期，植食性恐龙数量众多，在所有恐龙中占了一大半，这与当时被子植物的繁荣密切相关。

197 有些恐龙的头上长着冠，这些冠形状各异、大小不一，而对于它们的作用，人们也只能根据化石上的一点儿线索来猜测。副栉龙的头上长着细长的冠，弯向脑后生长。这个中空的冠与鼻腔相通，空气流动时会发出声响，这是副栉龙与同伴交流的方式之一。

198 一般在鸭嘴龙中，具有头冠的恐龙称为兰盾龙类。兰盾龙类恐龙的中空头冠中有十分精致复杂的一组管子，这种管子可能是兰盾龙的共鸣装置，头冠的形状不同，发出的声音也不一样。

199 青岛龙属鸭嘴龙类，它的化石发现于中国山东省。其头冠呈尖刺状，有点儿像独角兽的角，高耸在头顶上。

▼ 冠龙拥有大眼睛以及敏锐的听觉和嗅觉。

200 赖氏龙的头上也高耸着空心骨冠，骨冠后面还有一块向后倾斜的、尖刺一样的骨头。它的骨冠可能也是用于传递信号或者用于区别个体在种群中的地位。

▼冠龙的体长约有10米，站起来有6米高。尽管体形巨大，但它们还是喜欢成群结队地行动。

肿头龙家族

201 白垩纪时期，生活在北半球的肿头龙都有特别增厚的头骨。剑角龙的头盖骨呈半圆形，由许多小骨块组成，遮住了眼睛和后脖颈。这种恐龙个子很小，但一点儿也不好惹，厚厚的头盖骨就是它对付凶猛敌人的有力武器。

▲大多数攻击者可能都经不起剑角龙猛烈的撞击。

202 大多数肿头龙都比人类矮小，但也有相对大一些的成员。肿头龙是肿头龙家族中体形最大的成员，它的体长能达到 5 米。

203 所有肿头龙家族成员的颅骨后面都有突出的骨质棚。不过，不同成员间的骨质棚有明显与不明显的差别。另外，肿头龙家族成员的口部前端都有獠牙状的弯曲牙齿，它们也有嘴喙。

与此相关 肿头龙的化石主要出现在北美洲和亚洲，它们中有些成员的头骨能增厚成保龄球般的圆顶，如北美洲的肿头龙和顶角龙；也有些成员的头顶相对扁平，如蒙古的平头龙。

▲繁殖期时，雄性肿头龙会通过互撞头部来争夺与雌性的交配权，这一行为很像山羊和绵羊。

204 冥河龙是肿头龙家族中最奇怪、最恐怖的成员，生活在白垩纪晚期，它的头颈部和口鼻处长着非常发达的骨板和棘状物，看起来好像是来自地狱的恶魔。这种恐龙体长约2.4米，高约1米，体形和习性则与野山羊相似。冥河龙发现于美国蒙大拿州的地狱溪。

你知道吗?

冥河龙的大扁嘴非常灵敏，能感受周围环境的变化，甚至还可以寻找食物，所以它们不用担心迷路和挨饿。

◀和其他肿头龙一样，雄性冥河龙之间也通过互撞头部来争夺伴侣。

205 冥河龙的头骨极其坚硬，圆形顶骨与脊椎相连，有29厘米厚，能抵挡猛烈的撞击，既能用来御敌，也能用来格斗。而且冥河龙头顶周围数量众多的角质尖刺也使它看起来更大、更凶残，能吓走一些捕食者。

206 恐龙的头骨通常脆弱易碎，在恐龙死后不久就会变成碎片，所以恐龙头骨的化石非常少见。但肿头龙类的头骨化石却经常被发现，这是因为肿头龙类的头骨异常坚硬，即便它们身上的其他骨骼都消失不见了，头骨依然能保存下来。

▼冥河龙前肢细长，后肢强壮，平时以后肢直立行走，坚硬的长尾巴能保持身体平衡。

137

南极大发现

207 中生代时期，南极洲不像今天一样被冰雪覆盖，虽然冬天也十分寒冷，但要比今天暖和得多，甚至还有茂盛的植被。冰脊龙就生活在当时的南极地区，这种恐龙是在南极地区发现的唯一一种肉食性恐龙，它的头上长着奇特的骨质头冠。

208 冰脊龙的性别是通过头冠来区分的，雄性冰脊龙的头冠更加艳丽，雌性的相对暗淡，这是因为雄性冰脊龙头冠上的毛细血管更丰富。

◀ 冰脊龙用强壮的后肢行走，锯齿状的牙齿和尖尖的利爪则是它的捕猎武器。

209 冰河龙是发现于南极地区的另一种恐龙，它虽然叫冰河龙，但它并不是生活在冰上。科学家只发现了这种恐龙的少数腿骨化石，化石显示它与发现于中国的禄丰龙可能是近亲。

210 和今天的南极洲不同，冰脊龙生活的南极地区与非洲相连，位置也更靠北。生活在这里的恐龙可能夏天在这里度过，到了寒冷的冬天，就迁徙到北部的非洲。

◀ 冰脊龙头冠的作用可能是用来吸引异性，也可能让自己在对手眼中显得更可怕。

恐龙的灭绝

211 6500万年前，地球上所有的恐龙都灭绝了。恐龙曾经是地球上体形最大、数量最多的生物，统治陆地生态系统超过1.6亿年之久，是什么原因导致了它们的灭绝？人们提出了许多种假说，认为可能是一次灾难或者是几次灾难共同导致了恐龙的灭绝。

212 陨星撞击说：可能是巨大的陨星撞击地球导致了恐龙的灭绝。陨星撞击地球后，激起的水、岩石和灰尘形成遮天蔽日的云层，这样的云层持续了很多年。在黑暗的环境中，植物无法生长，植食性恐龙首先灭绝了，接着，肉食性恐龙也跟着灭绝了。

希克苏鲁伯陨石坑里有一层岩石，它下面的岩层中含有丰富的恐龙化石，但在上面却丝毫没有恐龙的痕迹。在这层岩石中还找到了在太空中含量很高的稀有金属铱。这个陨石坑的发现为"陨星撞击说"提供了一定的依据。

撞击地球的陨星直径至少有16千米，它撞击地球产生的冲击力至少是原子弹的200万倍。

213 火山爆发说：恐龙的灭绝可能是地球上的许多火山同时爆发导致的。火山喷出的岩浆、尘埃和毒气造成了严重的环境污染，这样的环境既不适合植物的生长，还可能导致恐龙在黑暗中窒息而亡。

214 气候骤变说：在恐龙时代末期，地球从终年温暖的气候变成了四季分明的气候，冬天变得更寒冷，夏天变得更酷热，恐龙无法适应这种气候的骤然变化而灭绝了。

215 物种斗争说：白垩纪时，侏罗纪时期发展而来的小型哺乳动物由于缺乏天敌，泛滥成灾，并开始偷食恐龙蛋。于是，恐龙的数量大大降低，最后灭绝。

类似地鼠的小型哺乳动物可能会在夜间趁着恐龙熟睡时偷吃恐龙蛋。▶

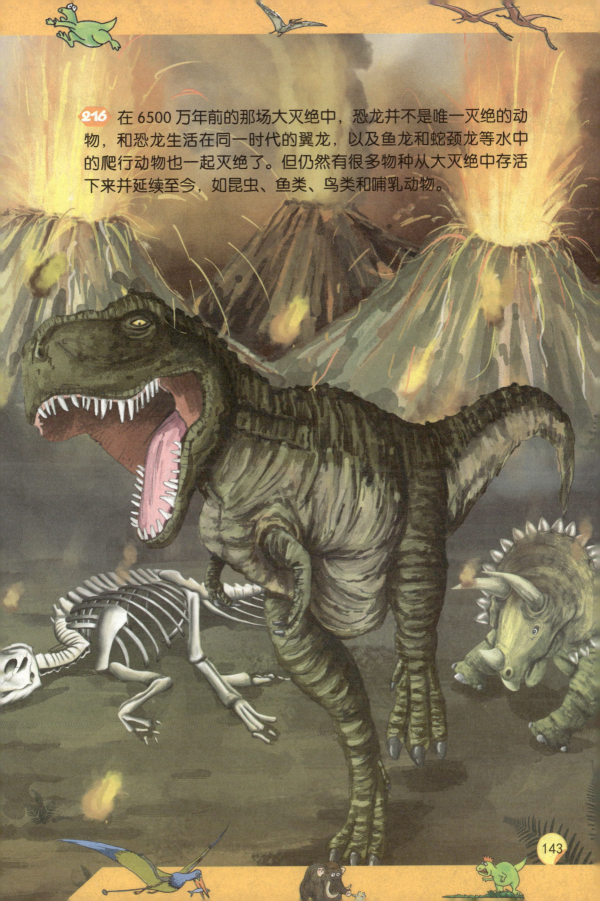

216 在 6500 万年前的那场大灭绝中，恐龙并不是唯一灭绝的动物，和恐龙生活在同一时代的翼龙，以及鱼龙和蛇颈龙等水中的爬行动物也一起灭绝了。但仍然有很多物种从大灭绝中存活下来并延续至今，如昆虫、鱼类、鸟类和哺乳动物。

对恐龙的误解

217 迄今为止，世界上已经发现了数量众多的恐龙化石和遗迹，人们对恐龙的了解也越来越广泛和深入，但仍有一些有关恐龙的信息我们无法了解，如恐龙的肤色。

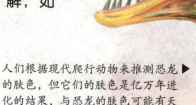

人们根据现代爬行动物来推测恐龙▶
的肤色，但它们的肤色是亿万年进
化的结果，与恐龙的肤色可能有天
壤之别。

218 160 年前，科学家就开始研究恐龙化石了，那时发现的恐龙化石都很大，于是人们就认为恐龙都是巨大无比的。但随着越来越多的恐龙化石被发现，人们发现恐龙世界中也有很多体形较小的成员，美颌龙和夫鲁塔齿龙都和今天的宠物猫差不多大。

▲ 夫鲁塔齿龙

219 人们在复原恐龙的过程中也犯过一些让人啼笑皆非的错误，如纽约历史博物馆展出的迷惑龙化石曾经顶着圆顶龙的脑袋，人们还把禽龙的拇指爪当成了它的鼻角，并把它画成了像蜥蜴那样的动物。

▲ 顶着圆顶龙脑袋的
迷惑龙

220 6500万年前，恐龙全部灭绝了，但有人认为恐龙仍然生活在地球上某些偏僻遥远的地方，比如人迹罕至的原始丛林或孤立的海岛。事实上，目前地球上的大部分地区都留下了人类的足迹，但人们并没有发现任何恐龙仍然存在的证据。

化石大发现

221 化石是史前生物死后经过自然变异过程所保存下来的遗体和遗迹，化石的形成需要上万年甚至上百万年的时间。今天，化石是人们了解史前生物的最主要依据。

▼ 动物化石大多形成于湖底、河底和海底的沉积物中，因为沉积物能将史前动物的遗体迅速掩埋并保存起来。

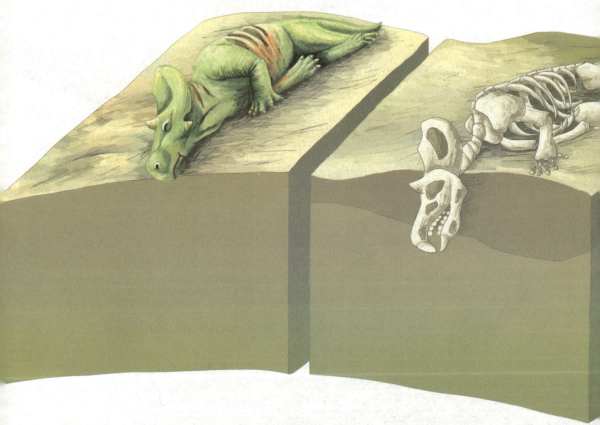

222 动物的骨骼、牙齿、角、爪和外壳以及植物的外皮、种子和球果都是史前生物身上形成化石的部分，因为这些部分通常都很坚硬，在史前生物死后不容易腐烂。而皮肤、肌肉、羽毛等较柔软的部分则不容易形成化石。

223 除了史前动物的身体部分会形成化石，它们活着时留下的印记、踪迹和遗留物也能形成化石，包括蛋、巢穴、脚印和齿印等，甚至粪便也能形成化石。

224 史前动物的身体如果被包裹在松树分泌的黏稠汁液中，那么经过漫长的时间也能形成化石，也就是琥珀。琥珀能将昆虫和其他小型动物完整地保存下来。

▼ 化石一旦露出地表，就有可能被人发现。

225 大部分的恐龙化石都是古生物学家经过艰苦的工作才被发现的，他们要先确定化石最可能存在的位置，然后花费很长的时间对岩石进行切削和挖掘，在这个过程中要仔细判断哪些是岩石，哪些是化石。也有些恐龙化石是人们无意中发现的。

◀挖掘人员通过做笔记、画图、照相来记录化石挖掘的每一个步骤，并对每一块化石编号记录，以便日后对它们进行重组。

古生物学家使用▶锤子、刷子等小工具小心翼翼地弄掉化石上的岩石及碎末儿。

226 大多数情况下，恐龙化石被发现的只有很小的一部分，而且它们的排列也很混乱，甚至已经损坏了。而一次就能发现一具保存完好的恐龙化石的情况，几乎是不可能的。

227 所有的恐龙化石被挖掘出来后都被小心翼翼地装进木箱里，然后送回博物馆。博物馆的工作人员会对化石进行清理和重组。这个工作非常艰苦。

228 化石虽然是一种结实沉重的石块，但也很脆弱，很容易在搬运的过程中破裂。为此，科学家们会用熟石膏或玻璃纤维等结实的包装把它们包裹起来。

"飞行"动物

229 在鸟类学会飞行之前，已经有哺乳动物掌握了飞行的技巧。翔兽生活在 1.5 亿年前，是最早学会飞行的动物之一。和鸟类的飞行不一样，将翔兽的飞行称为滑翔更合适一些，它撑开翼膜，从高处滑翔而下。

230 翔兽的四肢上长着锋利的爪子，这能让它爬到更高的地方，这是它"飞行"的必要前提，皮膜则是翔兽"飞行"的必要装备。翔兽的尾巴则帮助它在跳跃和滑翔时掌握平衡。

231 伊卡鲁斯蝙蝠是一种早期蝙蝠，与翔兽不同，它已经进化出真正的拍翅飞行能力。它们可能趁夜晚到湖边或树梢等昆虫聚集的地方捕食。

232 从外观上看，翔兽结合了松鼠和蝙蝠的特征，除了会滑翔之外，体重也很轻，大约只有 70 克。翔兽的体长 12~14 厘米，靠捕食小昆虫为生。可惜的是远古翔兽早已经灭绝，也没有留下任何后代。

▼ 翔兽喜欢在夜间外出活动，以蝉和蠕虫等小昆虫为食。

与此相关 鼯鼠也叫飞鼠，它的体形大小、身体特征都很像翔兽，甚至滑翔技术也和翔兽非常相似。鼯鼠喜欢在清晨和傍晚外出觅食，既吃植物的种子、嫩叶、嫩皮以及坚果，偶尔也捕食昆虫。

鸟类的祖先

233 最早的鸟类可能是某些小型肉食性恐龙经过数百万年的时间进化而来的。始祖鸟是已知最古老的鸟类，体长 120 厘米，生活在约 1.5 亿年前。始祖鸟的身上还保留了很多恐龙的特征，如嘴里生有牙齿，翅膀上有锋利的爪，长尾巴由骨头组成。

234 始祖鸟没有发达的胸肌，因此不能快速地扇动翅膀，飞行本领远不如今天的鸟类。但始祖鸟在陆地上的奔跑速度很快，同时张开翅膀并将尾巴平直地向后伸，以保持身体的平衡。

▼锋利的牙齿和爪子都是始祖鸟的捕食利器。

◀始祖鸟的尾椎骨多达二十几节。

152

235 始祖鸟化石是世界上最重要、最具价值的化石之一，它是 1861 年在德国南部发现的，质地细密的泥质石灰岩中留下了纤细羽毛的压痕，向人们展示了这种半鸟半恐龙的生物。

▲ 始祖鸟平时待在高高的树上，如果树下有猎物，它们就张开翅膀从高处滑翔下来扑向猎物。

236 麝雉是一种生活在南美洲的现代鸟类，幼鸟的翅膀前缘长着和始祖鸟很像的爪子，它们能利用爪子、足趾和喙爬到树上。科学家猜测，始祖鸟可能也是采用类似的方法爬到树上的。

早期的鸟类

237 在发现始祖鸟化石之后的100多年，人们又陆续发现了新的早期鸟类化石，这些化石的发现帮助人们逐渐解开了鸟类的进化之谜。孔子鸟是继始祖鸟之后出现的鸟类，它们已经进化得更像鸟类，发达的角质喙代替了满嘴的牙齿，飞行能力也比始祖鸟强。

▲ 孔子鸟生活在1.2亿年前的中国东北地区，体长能达到60厘米。它们可能数百只一起栖居在树上，以植物为食。

原来如此

孔子鸟的雄鸟体形较大，生有长长的尾羽，可能是用来求偶炫耀的；雌鸟体形较小，只有短尾。

▼ 黄昏鸟巨大的后肢上可能生有蹼，能帮助它们划水前进。

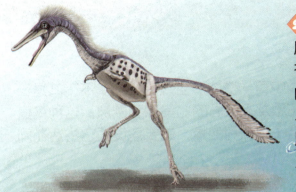

238 阿佛瑞兹龙类群是一种原始鸟类的统称，它们普遍都有长腿和羽毛，喙里生有细小的牙齿，阿佛瑞兹龙、蒙古古鸟都属于这一类群。它们的前肢相当短，但掌指都很大，而且还生有强健的指爪，这些爪子可能是用来挖掘食物的。

239 黄昏鸟是一种体形庞大的长颈海鸟，体长可达1.8米，头部较大，长长的嘴巴里长满了尖牙利齿。这种海鸟不具备飞行能力，却是游泳健将和捕鱼能手。

史前巨鸟

240 在已经灭绝的史前鸟类中有一些体形巨大的成员。不飞鸟是一种凶猛的肉食性鸟，生活在恐龙灭绝后的北美洲和欧洲。这种鸟身高接近 3 米，长着巨大的爪子和锋利的喙，主要捕食和它生活在同一片草原上的其他动物。

▼ 不飞鸟的翅膀短小，不能飞行，但它们粗壮的双腿有利于奔跑。张开的翅膀能在奔跑时保持平衡。

你知道吗?

泰坦鸟虽然重达 150 千克以上，但身手却十分敏捷，跑得再快的猎物也无法逃脱它强健双腿的猛烈扑杀。

241 大约 300 万年前，泰坦鸟生活在北美洲广阔的平原上。它站立时的高度为 2.5 米，生有大而呈钩状的喙和长有强健足爪的长腿，短小的翅膀末端生有两根锋利的爪子，可以用来抓住猎物。

242 阿根廷巨鹰的翼展超过了 7 米，它的外形很像今天的秃鹫，生有巨大的钩状喙和带利爪的双脚，头部、颈部可能也是裸露无毛的。据推测，大约 600 万年前，阿根廷巨鹰在阿根廷上空滑翔而非拍着巨翅飞行。

243 恐鸟是曾经生活在新西兰的一种史前巨鸟，身高达 3.5 米，体重约 250 千克。虽被称为"鸟"，但它却不会飞行。从外观上看，恐鸟的身躯肥大，颈部修长，双腿粗壮有力，可能与鸵鸟、鸸鹋等现代鸟类拥有共同的祖先。

哺乳动物出现

244 犬齿兽是一群小型到中等体形的肉食性动物，它们可能是哺乳动物的祖先。它们都有几种不同类型的牙齿，也具有哺乳动物的形态，如具有四肢和尾巴，体表覆毛。这个类群在地球上生存了约 8000 万年，全盛时期遍布全球。

245 热河兽化石是 1994 年在中国被发现的。它是一种史前哺乳动物，生活在侏罗纪晚期或白垩纪早期的中国辽宁地区。这种动物的身上兼具哺乳动物和爬行动物的特征，它的前肢像哺乳动物一样直立，后肢却像爬行动物一样呈外张匍匐姿势。根据它的身体特征，人们猜测哺乳动物的身体各部分可能是以不同的速度进化的。

246 最早的哺乳动物出现在三叠纪时期，它们看起来很像今天的鼩鼱。摩根锥齿兽是一种体形细小的哺乳动物，它的骨骼构造和今天的哺乳动物十分类似，而且它们站得更直，脑部也更大。

▲ 摩根锥齿兽可能白天躲起来，夜晚才外出觅食，敏感的触须能帮它们在黑暗中移动。

与此相关 鸭嘴兽是最原始的哺乳动物之一，它们像爬行动物一样产卵，卵孵出后又像哺乳动物一样用乳汁喂养幼崽。这种动物可能是爬行动物向哺乳动物进化的一个阶段的代表。

▼ 热河兽的体形大小和老鼠差不多。

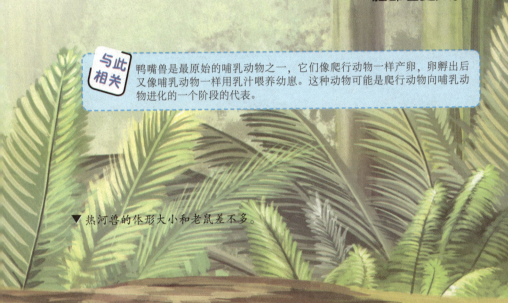

247 恐角兽是一群以植物为食、形似犀牛的哺乳动物，以成对的角和长牙状的犬齿而闻名于世。尤因它兽是恐角兽中体形最大、最著名的成员，体形大小和现代的白犀牛差不多，生活在4500万年前的北美洲。

248 恐角兽的头上都生有形状各异、大小不一的骨质角，这些角都很钝，可能是由于表面包裹着皮肤。尤因它兽的头上长着3对角，靠近颈部的那对角最大。

◀ 尤因它兽的粗壮四肢呈柱状，脚掌生有厚实的肉垫和短短的足趾，这样的脚掌更适合负重，而不适合奔跑。

249 尤因它兽喜欢生活在河流和湖泊的周围地带，这里生长着丰富的沼泽植物和其他一些水生植物，尤因它兽在这里不用担心会挨饿。

250 尤因它兽以及其他恐角兽的颅骨长度可能都接近1米，但颅骨内大脑的长度却只有约10厘米，这显示了恐角兽的智力可能不高。实际上，当时多数的哺乳动物都有这样的特征，而后期的哺乳动物大脑则明显大得多。

大地懒

251 大地懒是世界上出现过的最大的哺乳动物之一，它的体形相当惊人，体长可达 5 米多，直立时的身高接近 6 米。它生活在更新世南美洲的稀树草原上。它慵懒地迈着步子，宽大的脚掌和朝向内侧的爪与地面发出强烈的摩擦声。

252 大地懒的脚掌上都长着巨大的弯爪。前脚掌上的弯爪可能用来钩住树枝向下拉，也可能用于自卫。后脚掌上的弯爪向内弯曲，化石显示，它可能会用双腿行走。

253 大地懒能用后腿直立起身体，这时粗壮的尾巴和两条后腿就构成三角支架，使身体更稳，而且尾巴还分担了双腿所承担的重量。这种姿势也有利于大地懒吃到更高处的嫩叶，它嘴里的钉状牙齿能轻易地将植物磨碎。

▼ 舌懒兽是一种行动迟缓的植食性哺乳动物，它的身长可达 4 米，体重约 2 吨。

254 舌懒兽是生活在上新世晚期到更新世晚期南美洲的一类中型树懒，它的栖居地既包括植被茂密的草原和森林地区，也包括沿海地区。舌懒兽的四肢上也长着强壮尖锐的爪子，但它的后肢不如大地懒强壮，无法支撑全身的体重，可能只能用四足行走，而不能直立起身体。

大地懒像长颈鹿一样用舌头卷▼
住嫩叶，然后拽进嘴里。

史前有袋动物

255 像袋鼠一样，许多早期哺乳动物的身上都生有育儿袋，能带着发育中的幼体一起活动。袋狮的颅骨和牙齿很像今天的猫，是一种名副其实的掠食性动物。袋狮是攀缘高手，可能会埋伏在树上并伺机扑到猎物身上。

256 袋狼是分布在澳大利亚及其周边岛屿上的哺乳动物，它的腹部长着一个开口向上的育儿袋，袋内有两个乳头，幼崽会在育儿袋内生活三个月。袋狼生有利齿和能够张得很大的颌部，主要捕食其他有袋类动物。

257 巨型袋鼠是一种犀牛般大小的植食性动物，是有史以来体形最大的有袋类动物，生活在 4 万年前的澳大利亚。它或许能在干旱的环境中生存，巨大的鼻子有助于呼吸干燥又多沙的空气。

与此相关 澳大利亚因为有许多有袋动物而闻名世界，袋鼠是今天澳大利亚最著名的动物之一。和它们的史前亲戚不一样，现代袋鼠喜欢用强健的后肢跳着走路，长长的大尾巴则帮它们保持平衡。

◀ 巨型袋鼠不像今天的袋鼠一样跳着走路，而是用粗壮的四肢行走。它的后足上长着利爪，可能用来挖掘。

258 在与大洋洲大陆隔海相望的美洲也生活着一群有袋动物。袋剑齿虎的长相很像剑齿虎和今天的猫科动物。但与猫科动物不同，它的牙齿更像鼠类动物，能不停地生长，爪子也不能像猫科动物一样伸缩自如。

259 袋剑齿虎喜欢藏在河边的灌木或深草丛中袭击猎物。它悄悄地靠近猎物，然后突然跃出，用锋利的牙齿和爪子将猎物扑杀。袋剑齿虎的身上可能覆盖着利于隐藏的条纹。

260 南美洲袋犬中既有像负鼠或貂的小型成员，也有体形大如狮子或熊的成员。南美洲袋犬的牙齿短而粗大，再加上强大的咬合力，能轻易咬碎动物的骨头。

261 负鼠是美洲有袋类动物中进化最成功的种类，它们大多生有长尾而且擅于攀缘。阿法齿负鼠是已知较早的负鼠类动物，分布在白垩纪晚期的北美洲。

▼ 袋剑齿虎的下巴上生有大型的突起构造，这种构造能在颌部闭合时保护牙齿不受损。

史前盔甲动物

262 为了在弱肉强食的世界中生存，一些史前哺乳动物的身上进化出了一层像铠甲一样的皮肤，比如生活在上新世、更新世期间南美洲的雕齿兽。当危险来临时，雕齿兽或者把身体蜷起来，或者收拢四肢趴在地上，用坚硬的铠甲来抵御敌人。

▲ 雕齿兽生活在森林和草原地带，以各种鲜嫩多汁的植物为食。雕齿兽的眼睛很小，视野有限，要想观察身后的情况，必须向后转动身体。

263 雕齿兽家族成员的身上都覆盖着坚硬的外壳，这种外壳不像龟类的一体型外壳，而是由为数众多的相互紧锁的六角形骨板组成的，尾部甚至头顶也覆盖着这种骨板。

▲ 六角形骨板

264 星尾兽是雕齿兽中的一员，生存于更新世，与现代犰狳、树懒等是亲缘动物。除此之外，星尾兽的尾巴则更具辨识度，它的尾巴是坚硬的骨头，末端还有着像星星般的角状刺"球"。

▲ 星尾兽是雕齿兽家族中体形最大的成员，身高1.5米，体长约为4米。

与此相关 犰狳是雕齿兽的现代亲戚，它们肩部和臀部的甲胄连成整体，而其他部位的甲胄则呈瓣状，与筋肉相连，能自由伸缩。它们的尾巴上也覆盖着坚韧的甲胄。遇到危险时，犰狳就把身体蜷缩成球状来保护自己。

史前有胎盘类动物

265 和有袋类动物不一样，有胎盘类动物的幼体会在妈妈的体内发育成长。冠齿兽就是这样的哺乳动物，它一胎会生一到两个幼崽，小冠齿兽会和妈妈一起生活很长时间，直到它们自己能独立生活。

▲ 裂齿兽颅骨

266 冠齿兽身躯厚实，前肢长，后肢短，有利于支撑身体的重量。与身体相比，冠齿兽的头部就显得很小。雄性冠齿兽的上颌长着两颗突出唇外的獠牙，它们的作用可能是用来打斗或者挖掘土里的食物。

▲ 重褶齿猬

267 重褶齿猬的长相和今天的鼠类很像，狭长的口鼻部以及四足行走的方式，细瘦的前肢长于后肢。这种小型哺乳动物能快速奔跑、跳跃，以逃离捕食者。

268 裂齿兽曾经分布在亚洲、北美洲和欧洲，它们长着老鼠一样的门牙和鼹鼠一样的四肢，体形大的和熊差不多。它们具有发达的前肢和爪子，能挖掘植物的根部和块茎食用，也能站起来取食高处的枝叶。

奇怪的古象

▲ 始祖象可能主要以河流、湖泊岸边的植物为食。

269 大约 5300 万年前，象类已经生活在地球上。始祖象是已知最原始的象类之一，它的体形和今天未成年的亚洲象差不多，但没有突出唇外的长牙，鼻子也很粗短。它可能像河马一样大部分时间都生活在水里，眼睛和耳朵长在头上很高的位置。

与此相关 恐象可能也喜欢待在水中，以降低体温，让自己感觉凉爽。而且水的浮力也能帮助恐象支撑巨大的身躯，缓解四肢的压力。

270 象类的体形不断增大，并进化出了柱状直腿，嘴里还长出了用来打斗或收集食物的长牙。恐象的下颌长着两根向下弯曲的长牙，它们可能是恐象挖掘食物的工具。

271 恐象体形巨大，肩高 3~4 米，体重可能超过 6 吨。恐象的牙齿很适合咀嚼树叶，说明它们可能生活在森林中，而它们身高腿长的体形也适合在开阔地带长途跋涉。由此看来，恐象可能是一种迁徙性的动物。

▼与始祖象相比，恐象的鼻子更长，但仍然比现代象类的短。

猛犸象

272 有些史前象类的身上覆盖着又厚又长的毛发。真猛犸象俗称长毛象，它可能是猛犸象家族中最著名的成员，它身躯高大，全身长满长毛，还有庞大的弯曲长牙和厚实的圆顶颅骨。

273 长毛猛犸象大约在1万年前灭绝了，早期的人类可能捕猎过这种体形巨大的动物。长毛猛犸象为早期的人类提供了食物来源，一头长毛猛犸象能解决一个部落几个月的食物问题，皮毛和长牙还能用来搭建帐篷。

▼ 哥伦比亚猛犸象身上没有浓密的长毛，因为它们生活的地方很温暖。

274 哥伦比亚猛犸象是有史以来最大的象，它站立时高达4米，弯曲的大长牙能达到4.3米，重量超过10吨，是今天多数大象体重的两倍。

275 1977 年，人们在俄罗斯发现了一具被冻结的雄性真猛犸幼象化石，它的保存状况极好。它还没有长出像成年象一样的圆顶颅骨和高耸的肩部驼峰。

▲长毛猛犸象生活在气候寒冷的冰河时代，浓密的长毛具有很好的保温效果，能帮助它们抵御严寒。

史前猫形类动物

276 猫形类动物是哺乳动物中最厉害的捕食高手，它们最初进化于距今 5300 万年至 3370 万年的始新世。它们最初体形都很小，栖居在开阔地带或过着林栖生活，有些种类后来进化成了大型的掠食性动物。

▼ 恐猫生有加大的犬齿，但没有剑齿虎的犬齿大，而且它还生有独特的突出门齿。恐猫曾经广泛分布于亚洲、欧洲、非洲及北美洲。

277 恐猫是栖居在森林中的一种猫类，体形和今天的美洲豹差不多，粗短的四肢适于攀缘。恐猫是擅长潜伏的夜间捕食者，它们悄悄地靠近猎物，然后以突然袭击的方式捕获猎物。

278 古鬣狗属于猫类肉食性动物，它们曾经遍布于今天的非洲、亚洲和欧洲，体形比现代的鬣狗要小很多。它们的头骨粗大厚重，颌部强壮，锋利的牙齿能轻易咬碎猎物坚硬的骨头。

与此相关 所有猫形类动物的颅骨都短而呈圆形，双眼位于头部的正面，朝向前方，这种构造提供了重叠视野，能让猫形类动物精确地判断距离。

加大的犬齿

279 在猫形类动物的进化过程中，有些成员的犬齿变得更加巨大。剑齿虎便是以巨大的犬齿而闻名的史前猫形类动物，体形最大的种类犬齿长度能达到25厘米以上，它们是世界上已知的最强悍、最高效的掠食杀手。

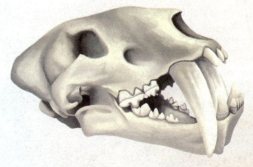

280 剑齿虎可能过着集体生活。很多剑齿虎化石上都留有打斗受伤的痕迹，甚至有的伤势非常严重，但它们仍然能存活下来，人们猜测可能是集体中其他成员照顾了受伤的剑齿虎。

▲ 剑齿虎较短的剑齿更加坚固，能咬开猎物的颈部或头骨而不用担心会断裂。

281 锯齿虎也被称为似剑齿虎，是剑齿虎家族中的一个特殊成员，它的剑齿边缘长着锯齿。它的体形很像今天的非洲鬣狗，但要大得多。锯齿虎的鼻腔很大，能吸入更多的空气，有利于追踪猎物。

282 剑齿虎的体形都很大，体形最大的甚至超过了今天的狮子和老虎。巨大的体形也使得它们选择的捕食对象的体形也很大，一旦这些大型的猎物变少了，剑齿虎难免就要走上灭亡之路。

▼剑齿虎捕杀的猎物通常都体形巨大，如美洲野牛、麋鹿、乳齿象等。

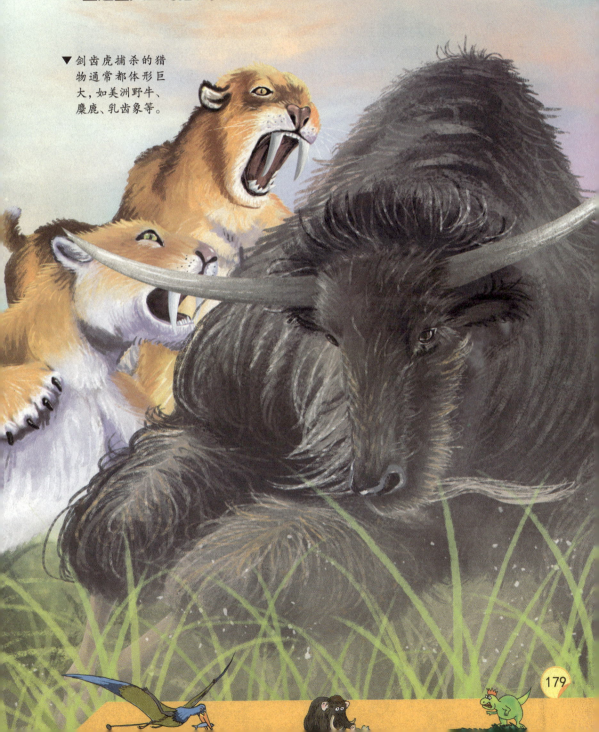

洞 狮

283 在大约 30 万年前至 10 万年前，洞狮活跃在亚欧大陆北部及中部的草原和荒漠、半荒漠地区。它们由生活在非洲的化石狮进化而来，体形更大，四肢也较粗壮，平均体长可达 2.7 米，体重 500 千克，它们可能是有史以来最大的猫科动物。

284 洞狮采用突然袭击的方式来捕获猎物。为了隐藏行踪，洞狮经常翻过山地从下风口靠近猎物。捕食时，雄狮先将猎物摁倒在地，其他成员则一拥而上，最后，大家一起分享食物。

原来如此

洞狮和人类的祖先共存过很长一段时间。为了和洞狮争夺洞穴，人类可能曾经捕杀过很多洞狮。

285 洞狮可能也像今天的非洲狮那样成群生活，但群体数量相对较少，可能只有几只。雄性洞狮的脖子上环绕着鬃毛，但远不如非洲狮显著；雌性洞狮的体形略小于雄性，全身披着短毛。

▼ 在身强体健的洞狮的攻击下，几乎没有猎物能逃脱。

史前啮齿动物

286 啮齿动物长着适于啮咬的牙齿，并以植物为主食，它们可能都是在恐龙灭绝后出现的。尖爪鼠是生活在北美洲的穴居啮齿动物，长相奇特，体格健壮，生有宽阔的铲状足爪和笔直的长爪，无论雌雄，头上都长着角。

287 在南美洲生活着一群形似今天豚鼠的独特啮齿动物，它们可能是在 5300 万年前至 3370 万年前的始新世从非洲迁移来的。其中，有些成员拥有庞大的体形，几乎和现代貘类差不多大，最大的成员体形大小如犀牛，体重能达到 1 吨。

▲ 南美洲史前啮齿动物的颅骨化石

288 最早的兔类也出现在始新世，包括野兔和鼠兔，它们自演化出现至今都没有什么改变。长相类似小型短耳兔的鼠兔曾经数量极多，今天已经大大减少，它们主要栖息在北美洲和亚洲的山区。

与此相关 啮齿动物是哺乳动物中数量最多的类群，物种数目超过 1700 种，远超哺乳动物中的其他类群。啮齿动物的特征是上颌和下颌各有两颗会持续生长的门齿，它们必须通过不断啃咬来磨短这两对门齿。

▼ 像今天的啮齿动物一样，尖爪鼠用大型的门齿和爪子挖穴而居。头顶的角可能用于挖掘，也可能用于打斗。

远古河狸

289 在 3370 万年前至 530 万年前，远古河狸生活在北美洲的平原上。与现代河狸相比，远古河狸的体形较小，体长只有 20 厘米，和成人的手掌差不多大，长相与今天的草原犬鼠相似，也有些远古河狸很像现代河狸。

290 远古河狸是一种以家庭为单位的穴居动物，它们能挖掘深达 2~3 米的垂直螺旋地穴，这样的地穴是用大型门齿和锋利的爪子挖掘而成的。在洞外活动时，成年远古河狸会警惕地观察四周，一旦危险降临，它们就迅速逃进洞穴里。

291 河狸也算是大型啮齿动物中的一种，与松鼠类共属同一类群。

▲ 远古河狸主要以植物的根茎、嫩叶和成熟的果实为食。

292 与远古河狸相比，现代河狸的身体特征和生活习性都发生了巨大的变化，粗短的覆毛尾巴变成了覆盖鳞片状结构的扁平尾巴，后足还长出了蹼。身体的变化也显示出它们生活习性的变化，它们不再挖穴而居，而是用树枝在水中搭建巢穴。

◀虽然长得像鼠类，但远古河狸没有鼠类的长尾巴，而是短粗的小尾巴。

与此相关 现代河狸能用树枝、石块和泥巴等筑坝蓄水，小的形成池塘，大的甚至能形成湖泊，所以在河狸栖息的地方都能见到类似的池塘、湖泊或沼泽。

原始灵长类

原来如此

　　指猴是栖居在马达加斯加的灵长类动物，它们的第三指极长，能从树洞中挖出昆虫幼体。

更猴的长相好像是 ▶
狐猴和松鼠的结合
体，它们大多数时
间都生活在树上，
以果实和树叶为食。

293 灵长类动物出现于 5000 万年前，它们的某些特征和现代灵长类十分相似，如能抓握的手足、较大的脑部以及具有重叠视野的双眼等。更猴生活在 5500 万年前的欧洲和北美洲，它的眼睛长在头部的两侧，趾上有爪，但不能弯曲。

294 史前狐猴的种类要远远多于现代狐猴，包括巨大的攀缘类型、像猴子一样的地栖类型以及可以像树懒一样倒悬攀缘的长臂类型。巨狐猴是一种大型的史前狐猴，外形很像今天的无尾熊，它们头部似犬，颅骨很长，还生有硕大的臼齿。

295 有些灵长类动物进化出巨大的犬齿和扁平的臼齿，这样的牙齿使它们更擅长在地面觅食。狮尾狒是一种以种子为食的草原猴，它们曾遍布今天的欧洲、非洲和亚洲，奥斯华狮尾狒是这个类群中体形最大的成员。

296 大约 2000 万年前，森林古猿生活在欧洲和亚洲。无论爬树还是在地面上行走，它们都是四肢并用。森林古猿体长 60 厘米，过着群体生活，它们利用前肢悬挂在丛林间摆荡，摘取水果和树叶为食。

297 后来，有些猿类开始像人类一样利用后肢走路。生活在 300 万年前的阿法南猿可以直立行走。这种猿类是人类的早期亲戚之一，但比现代人要矮小很多，身高只有 1 米多。

298 有些史前猿类体形巨大。巨猿的身高超过 3 米，是名副其实的"巨人"，它比现存两米高的大猩猩要大得多。巨猿一点儿也不挑食，植物的根、茎、叶以及鸟、老鼠和蜥蜴等小动物都是它的食物。

299 从 DNA 上看，与人类有亲缘关系的是黑猩猩、大猩猩等大型猿类，由此人们推测，人类的远古亲戚可能是与它们类似的类人猿。

▼ 不像其他猿类用趾关节行走，早期
的森林古猿是用整个脚掌走路。

史前猪形类群

肩部脊椎骨长出 ▼
延伸加长的骨棘。

▲ 颅骨隆块随年
龄增长而变大。

900 猪形类群最早在始新世时期出现，这个类群中包括猪、河马、美洲野猪等许多物种，猪形类群中的很多成员都长有大型的獠牙或长牙状牙齿，这些牙齿可能用来打斗或炫耀。恐颌猪是一种体形巨大的史前猪类，肩高超过两米，体长超过 3 米，嘴里长着弯曲的犬齿。

301 河马在中新世晚期首次出现，既有体形庞大的两栖型河马，也有小型的陆栖型河马。史前河马的口部前端都生有庞大的弯曲长牙，一般雄性的长牙要大于雌性。

▲ 史前河马的颅骨化石

原来如此

猪形类群的动物是荤素不忌的杂食性动物，几乎所有的植物和菌类、动物尸体以及小型动物都是它们的食物。

◀ 恐颌猪的四肢瘦长，说明它能跑得很快。

302 美洲野猪约在 4000 万年前出现，它们主要分布于北美洲，有些成员甚至存活至今。美洲野猪长着巨大的垂直犬齿，有些成员的面颊上还有厚重的三角形骨质突出物。

史前巨蛇

903 在史前时代的亚洲、非洲、南美洲、澳洲及欧洲，生活着一群体形巨大的蛇类，被称为巨蛇科。沃那比蛇生活在澳大利亚，它的体长可以达到 6 米，外形很像今天的蟒蛇，它的身上覆盖着坚硬的鳞片，可能还有亮丽的颜色和美丽的花纹。

904 沃那比蛇是伏击型猎手，它隐藏在河边的草丛或树丛中等待猎物，一旦有动物来河边喝水，它就悄悄靠近，等到达攻击范围时就发动迅猛攻击。

905 非洲巨蟒生存在 4000 万年前的撒哈拉沙漠南部，比现存的所有蛇都要长，体长可达 10 米。非洲巨蟒是它所生活地区的霸主，它可能会捕杀原始大象，所以也被称为"吞象巨蛇"。

906 像今天的蛇类一样，史前巨蛇进食时也是从猎物的头部开始吞咽，直至把整个身体吞下去。进食完成后，它们也需要找一个安静的地方慢慢消化。另外，史前蛇类可能也像今天的蛇类一样利用舌头来感知周围的环境。

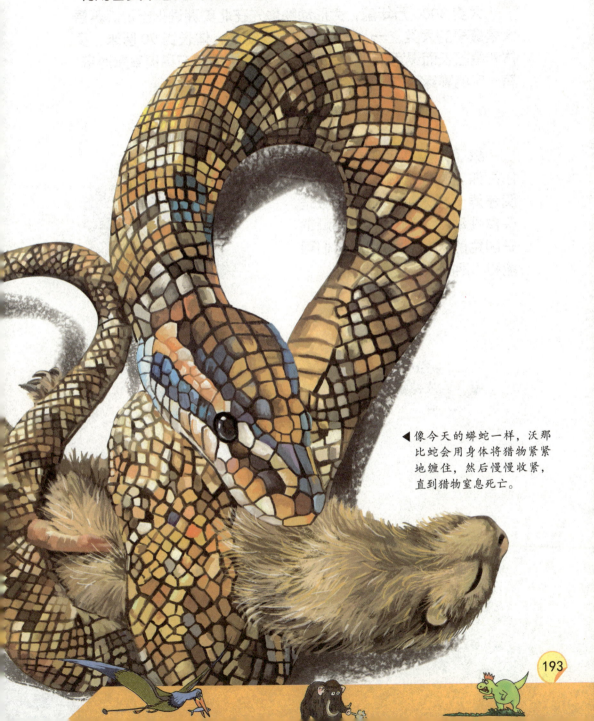

◀像今天的蟒蛇一样，沃那比蛇会用身体将猎物紧紧地缠住，然后慢慢收紧，直到猎物窒息死亡。

史前犬形动物

907 大约 3000 万年前，犬形动物最先在北美洲进化出现。黄昏犬是最早的犬类之一，它的长相更像鼬类，体长约 90 厘米，身体和尾巴长而灵活，四肢短而柔软。黄昏犬栖息在稀树草原地带，有一定的攀缘能力，嗅觉和听觉也比较灵敏。

908 除了犬类，犬形类动物还包括熊。洞熊的体形和今天的灰棕熊一样大，它们大多数是杂食性动物，但也有一些洞熊是凶猛的肉食性动物，它们可能和早期的人类互为猎物。

黄昏犬可能过群居生活并集体猎食，所以它们有可能捕获体形较大的猎物。▶

309 半犬又称犬熊，它们的形态既像熊又像犬，身体粗壮，体形有大有小，体长最长可达两米，而且体形越大就越像熊。半犬是它们所生活地区的霸主，即使是剑齿虎也只能与它们平分秋色。

310 海狮和海豹也是由犬类进化来的。它们的祖先长得很像水獭，但前后鳍状肢代替了四肢，它们扩大的双眼能在水中看得更清楚。异索兽是生活在1300万年前的一种早期海狮，能用鳍状肢在水中快速地游动。

恐狼

311 恐狼是曾经生活在北美洲的大型狼类，平均体长能达到两米。与现代狼相比，恐狼身形低矮，四肢短而强壮，但它们拥有较宽的头部、较强健的颌部以及较大的牙齿。

312 除了北美洲，在南美洲北部也有恐狼的踪迹。北美洲的恐狼分布在从平原草原到山区林地的广大地区，而南美洲的恐狼则栖息在热带及亚热带稀树草原和较干旱的地带。

原来如此

美国加利福尼亚州的拉布雷亚沥青坑是最广为人知的恐狼化石发现地，这里有数以千计的恐狼头颅骨化石被发现，它们可能是想吃陷在沥青中的动物，结果自己也命丧其中。

3-13 大约 1.6 万年前，北美洲正处于冰河时期，气候变得非常寒冷，大部分的大型哺乳动物都灭绝了，恐狼失去了主要的食物来源，而且较慢的进化速度也使得它们无法猎食灵活的猎物。这一时期，人类的到来也抢占了它们的生存空间。各种原因导致恐狼在 1 万年前灭绝了。

▼ 恐狼主要猎杀大型的动物，并能咬碎及吃掉猎物的骨头。

早期的肉食性动物

▼ 小古猫的尾巴可能具有保持身体平衡的作用，在林间跳跃时还能作为方向舵来调整方向。

914 在恐龙时代末期，肉食性的哺乳动物可能已经进化出现。小古猫是最早的肉食性哺乳动物，最初出现在美洲，体长约 30 厘米，前后肢上都生有五趾，趾上有可以回缩的尖锐爪子，有利于攀缘及抓握猎物。

915 早期肉食性哺乳动物的四肢灵活而有力，就像今天经常在林间攀缘的肉食性动物一样。不过，可能不是所有的早期肉食性哺乳动物都擅长攀缘，它们中的有些成员可能是在地面生活，擅长奔跑或挖掘。

916 鬣齿兽是一种外形很像鬣狗的早期肉食性动物，它的颌部强而有力，后侧长有切割齿，很适合咬紧及咬碎东西。鬣齿兽在地球上生存了约 3000 万年的时间，家族兴旺，种类繁多。

与此相关 肉食性动物的主要特征是被称为裂齿的切割齿，包括上颌的最后一枚前臼齿和下颌的最前一枚臼齿。当它们咬合时，像刺刀一样尖锐的齿尖能将肌肉、软骨等切断。

原始有蹄动物

317 原始有蹄动物大多为四足式植食性动物，体形大小不一，小到老鼠大到绵羊都有。大约 3700 万年前，原蹄兽生活在北美洲和欧洲，它们的体形相对较小，体长只有 1.5 米，重约 56 千克，足上有五趾，每根足趾的末端都有小型钝蹄。

318 科学家一向认为原蹄兽是现代马的祖先，它们的骨骼构造与马相似。它们的四肢比其他同类型的动物更长，体重主要由足部中间的三根足趾支撑，这也显示着它们善于奔跑。

319 迪多罗兽是生活在南美洲的有蹄类哺乳动物，身体修长呈圆柱形，尾巴长而强壮，四肢细瘦，足部有5趾，头部短而厚。科学家认为它可能是类似马或骆驼的南美有蹄类动物的祖先。

320 有些原始有蹄动物的体形相当小。猪齿兽的体形大小如松鼠，体长约30厘米，四肢短小，足趾较长，生有短爪。它们身体灵活，可能在低矮的树丛间觅食，也可能会爬树。

▲ 原蹄兽长着灵活的长尾巴，它们可能会藏身于低矮的树丛中。

921 在恐龙灭绝后的第三纪和第四纪早期，南美洲生活着各种奇形怪状的有蹄类哺乳动物。后弓兽体形庞大，差不多和今天的大型骆驼一样大，还有粗壮的四肢以及像犀牛一样的足部，足上生有三趾。

922 后弓兽栖息在南美洲的草原和开阔林地上，以禾草等坚韧的植物为食，可能也吃乔木的嫩叶。后弓兽的大腿骨长于胫骨，说明它们可能无法快速奔跑。它们漫步在草原之上，在地表觅食或啃食树木的嫩叶。

骨质鼻开孔位 ▶
于双眼之间。

你知道吗?

后弓兽最显著的特征是鼻孔高高的，位于头顶，还有与大象相似的鼻管，但相对短小。

▲ 后弓兽的长颈很像骆驼的颈部，可能在地表觅食或向上啃食树枝。

923 箭齿兽是一种大如犀牛的食草动物，体长约 3 米，身高超过 1.8 米，它们长着大型的咀嚼齿和突出的门齿，短腿上生有三趾。这种动物的生活习性可能与河马相似。

924 南美洲生活着许多其他地方都没有的奇异动物，原因在于它几乎在 5000 万年的时间里都是一个与世隔绝的超级大岛。在南美洲和北美洲相连后，更能适应环境的北美洲动物来到南美洲，并逐渐占领了这里，这也是许多南美洲史前动物灭绝的重要原因之一。

▼ 圆而厚实的身体就像大型马。

后弓兽的大腿骨▶比胫骨长，据此判断它可能无法跑得很快。

重脚兽

325 重脚兽生活在 3700 万年前的北非地区，它们身躯高大，四肢粗壮，披着厚皮。重脚兽很像今天的犀牛，但比犀牛更大更强壮，它们的头上长着两只厚重的大角。与犀牛不同，这两只大角是中空的，角的表面还有沟槽。

326 埃及重脚兽是重脚兽家族中最著名的成员，它们经常在沼泽和浅海滩等近水的地方活动，并经常在水中休息，因而练就了一身好水性。

327 和今天的大象一样，重脚兽的四肢粗壮而笨重，脚掌宽大扁平，每个脚掌上都生有五根短趾，趾端生有小蹄，这种脚掌有利于支撑重脚兽庞大的身躯。

重脚兽的大角上没有角质鞘，而是包裹着皮肤，并分布着血管和神经。在大角的后面还长着两只较小的角。 ▶

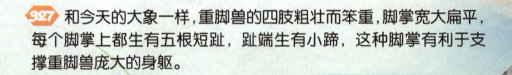

328 索齿兽和重脚兽属于同一类群，它的长相非常奇怪，弯曲的四肢，脚部朝向内侧，嘴里长着獠牙和厚重的牙齿。它在陆地上非常笨拙，但到了海里就变得非常灵活，可能以海藻为食，或许也吃贝类动物。

▼ 庞大的身躯和吓人的大角使重脚兽看起来极具威慑力，几乎没有捕食者敢轻易招惹它们。

雷兽家族

329 雷兽生活在始新世的北美洲和亚洲，它们是一群体形庞大、形似犀牛的有蹄类哺乳动物。王雷兽是雷兽家族中体形最大的成员，身高可达 2.5 米，它有着强壮的体格、粗壮的四肢以及发达的肌肉。

330 雷兽的口鼻部末端长着"V"形或"Y"形的双角，双角的表面覆盖着皮肤，随着雷兽的进化，双角也越来越大。在进化后期，雄性雷兽的双角要大于雌性，这说明雄性可能会用双角来炫耀和打斗，以争夺领导权或交配权。

331 早期的雷兽生有长牙状的门齿，但进化到后期就消失了，而代之以灵活的上唇。它们利用灵活的唇部和尖长的舌头从枝干上摘取嫩叶，或在草丛中挑选多汁的嫩草。

王雷兽生活在大约 5600 万年 ▶
前北美洲的大部分地区。

392 大角雷兽是最后的雷兽类动物，也是最大的雷兽之一。它的头颅骨前端向前上方翘起，形成巨大的骨质角，好像一个破城槌。大角雷兽的所有化石都发现于亚洲。

▼ 雷兽强有力的肩颈部肌肉支撑着头部，所以即使受到巨大的冲击，它们的头和颈也不易受伤。

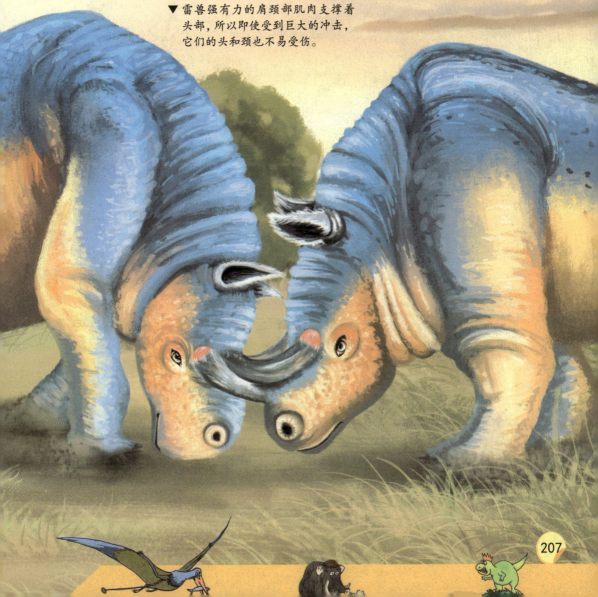

史前马家族

与此相关
与史前马不同，现代马的每只足上只有一个脚趾，末端是一个大蹄，蹄质较硬，四肢细长，能在坚硬的地面上迅速奔跑。

▲ 始祖马的每只前足上有4个脚趾，每只后足上有3个脚趾。

999 马出现于始新世，是一个进化得相当成功的种群，它们发展出了各具特征与体形的不同物种，并能适应各种不同的生存环境。始祖马生活在5000万年前的欧洲、亚洲和北美洲，它的大小和今天的猫差不多，身高只有20厘米左右。

994 经过数百万年的进化，马的脚趾数量由最初的每只足上 5 个或 4 个脚趾变成了 3 个脚趾，而且体形也越来越大。三趾马生活在中新世时期的北半球草原上，它的每只足上各有 3 个脚趾，两侧脚趾较小，中间脚趾较大，加大的中间脚趾承担了大部分体重。

995 最初的马是不吃草的，因为那时根本没有草，它们可能主要以树叶、水果及坚果为食。大约 2500 万年前，草和开阔的平原出现了，马随之迁移到平原上并开始以草为食。

▼ 三趾马已经进化出耐磨的坚固牙齿，可以嚼食坚韧的禾草。

史前犀牛

996 史前犀牛种类繁多，并演化出了许多不同的生活方式和体形。副巨犀是迄今为止已知体形最大的陆栖哺乳动物，它体长 8 米，肩高 6 米，体重超过 15 吨。和今天的犀牛不同，这种生活在 3000 万年前的巨型犀牛鼻子上不长角，它是温和的植食性动物。

997 有些史前犀牛的前额上也长着角。板齿犀是有史以来最大的有角犀牛，它的前额上耸立着一只高达两米的圆锥形巨角。板齿犀的体形仅小于副巨犀，它的体长能达到 6 米，平均体重 5 吨多。

▼副巨犀的脖子很长，可以从树木上取食树叶。它的腿部瘦长，说明它也许擅长奔跑。

998 有些史前犀牛的身上披着厚厚的毛。披毛犀又名长毛犀，体形和印度犀牛差不多，它的鼻端生有一大一小两只角，较大的角长约90厘米。它四肢粗壮厚实，肩上有类似驼峰的突起，还有一身的暗色长毛。

999 副巨犀虽然体形庞大，但背部的空心脊椎减轻了整体重量。它的上唇可能比较长，而且十分灵活，能像现代长颈鹿一样从树上撸下树叶。

史前鹿家族

940 有些史前哺乳动物和今天的牛一样演化出了角或类似的构造，其中最成功的一类是鹿。并角鹿除了头上长了一对角，鼻梁上也长了一对短角，这些角上包裹着一层皮膜。这些鹿角可能是用来炫耀的，长度越长，弧度越大，就越好看。

941 奇角鹿是由并角鹿进化而来的，它们拥有更大的体形，鼻梁上的角也长得更长，并且在顶端开叉。只有雄性奇角鹿的鼻端上才长着分叉的长角，它们可能利用长角来争夺领地。

◀ 原角鹿

942 原角鹿是并角鹿的祖先，它长着三对被皮膜包裹的角，这些角都很圆钝，而且大小不一，形状各异。原角鹿的身体和四肢都很粗壮。它们可能也长着灵活的上唇，以柔软的植物为食。

▼ 像现代鹿一样，并角鹿过着
群体生活，喜欢在草原和林
地间啃食嫩草。

与此相关 和现代鹿一样，史前鹿类是由中间两趾来支撑
身体的所有重量，因为外侧两趾已经退化得非
常小，无论奔跑还是站立都不会着地。它们也
像今天的鹿一样擅长跳跃和奔跑。

漂亮的大角鹿

343 大角鹿是已知体形最大的鹿，也是有史以来鹿角最大的鹿。只有雄性大角鹿长着一对大角，最大鹿角跨度能达到 3.7 米，重量能达到 45 千克。巨大的角呈扁平形状，向四周呈放射状伸出几个弯曲尖利的分支。

944 通常情况下，很多人喜欢称大角鹿为"爱尔兰麋鹿"，因为在爱尔兰发现的大角鹿化石较多，但它们不止分布在这里，还曾广泛分布于史前的欧亚大陆。

945 驼鹿是世界上现存最大的鹿，雄性的头上也长着巨大的角，角的主体呈扁平的铲子状，边缘有呈水平伸展的分支，数量可达30~40个。

946 雄性大角鹿巨大的鹿角不仅被用来打斗，还被用来炫耀，雄性大角鹿会用美丽的大角吸引雌性并打败竞争对手。

为了支撑巨大、沉重的鹿角，大角鹿 ▶ 拥有发达的颈部肌肉和肩部肌肉。

具蹄的捕食者

947 除了温顺的植食性动物，有些具蹄的哺乳动物却是凶猛的肉食性动物。安氏兽的趾间生有短蹄而不是锋利长爪，它的体形比今天的老虎还要大，单单颅骨的长度就接近1米，强壮的颌上长满了尖锐、锋利的牙齿。

948 安氏兽牙尖嘴利，而且咬合力惊人，使得它能一口咬死猎物。不过它一点儿也不挑食，它既嚼食多汁的叶子、浆果、昆虫幼体和小型啮齿动物，也吃大型动物尸体的腐肉。

▲ 安氏兽是已知最大的陆栖肉食性哺乳动物，它的头也是陆地上所有肉食性哺乳动物中最大的。

▲ 中爪兽

949 中爪兽也是一种具蹄的肉食性动物。它外表像狼，大小如狗，四肢灵巧，能用足趾轻巧地行走和快速奔跑。它可能会猎捕其他有蹄类的植食性动物。

原来如此

安氏兽生活在3000万年前的蒙古地区，那里当时可能草木繁茂，但如今已经成为人迹罕至的沙漠地带。

史前牛羊

950 2000万年前，小型的无角似鹿动物进化为最早的牛科动物，它们最初的外形很像瞪羚，后来演化成了种类繁多的庞大种群。原牛是现代家牛的祖先，但比现代牛更大、更野、更凶猛，它长着坚固锐利的双角和适于负重的健壮四肢。

▼原牛的身长可达3米，站立时肩高可达两米。它们曾在欧洲、亚洲和非洲的森林中四处漫游。

951 所有牛科动物无论雌雄，头上都长有终生不脱落的尖角，还有适于食用和消化禾草的牙齿和胃，腿部和足部构造适合快速奔跑或敏捷跳跃以逃避敌害。

原来如此

大约100万年前，有些牛科动物经由白令海峡进入北美洲，所以今天人们才能在北美洲见到美洲野牛、大角羊和北美山羊。

352 早在中新世和始新世时期，叉角羚就栖居在北美洲，而且一直存活至今，它们是世界上跑得第二快的哺乳动物。叉角羚的头顶长着一对分叉的长角，雄性会用这对长角与竞争对手互推比试。

叉角羚的角上有鞘，角▶
鞘每年都会脱落，然后
再长出新的。

史前骆驼与长颈鹿

353 虽然现代骆驼主要生活在沙漠地区，但它们曾经一度是遍布草原和林地的植食性动物。史前骆驼的种类接近 100 种，高脚骆驼体形庞大，肩高能达到两米，它们栖息在稀树草原上。

◀ 长颈羚

354 和现代骆驼以禾草为食不同，史前骆驼的颅骨和牙齿构造更适合以灌木和乔木为食。

355 最早期的骆驼体形都很小，生活方式很像今天的瞪羚。小古驼生活在 3000 万年前的北美洲。它身体轻巧，四肢很长，可能擅长奔跑。

356 约 2000 万年前，世界上生活着许多种长颈鹿。古长颈鹿是一种大型的原始长颈鹿，它们生存于中新世的非洲，晚期成员的头上生有一对鹿角。

▲ 和现代骆驼一样，高脚骆驼也具有开裂的上唇、弯曲的长颈和特殊的两趾足。

史前鲸类

357 鲸类的祖先是生活在陆地上的哺乳动物，它们在浅海地带觅食，最后进化成了完全水栖的鲸类。龙王鲸是史前海洋中的庞然大物，体长能达到 16 米，单单是头部就有 2~3 米长，巨大的嘴巴里长满了尖利的牙齿，这些牙齿能帮助它们轻易地咬住猎物。

▼ 龙王鲸的前肢已经退化成了更适合
海洋环境的鳍，但后肢还保留着，
只是非常小。

358 矛齿鲸不像龙王鲸那样体形巨大，因此它们在很多时候也是被捕食的对象。为了生存，它们选择群体生活。像其他鲸类一样，矛齿鲸也是一种肉食性动物，主要以鱼、虾和乌贼为食。

359 梅氏利维坦鲸生活在1300万年前，靠捕食其他鲸类为食。它的体形和外貌很像今天的抹香鲸，但抹香鲸只在下颌长有牙齿，而它的两颌都生有大型长牙。

360 陆行鲸是最原始的鲸类之一，它的外形介于狼和海豹之间，但牙齿、颅骨和耳骨都表现出鲸类的特征。就像它的名字一样，陆行鲸大部分时间都生活在陆地上，只有捕猎时才下海，它的四肢上都生有适于划水的蹼。

图书在版编目（CIP）数据

史前生物的360个奥秘 / 稚子文化编绘. -- 长春 ：
吉林出版集团股份有限公司，2019.1（2022.8重印）
　（大开眼界系列百科 ：高清手绘版）
　ISBN 978-7-5581-4394-6

　Ⅰ．①史…　Ⅱ．①稚…　Ⅲ．①古生物－少儿读物
Ⅳ．①Q91-49

中国版本图书馆CIP数据核字(2018)第254162号

SHIQIAN SHENGWU DE 360 GE AOMI

大开眼界系列百科 高清手绘版

史前生物的360个奥秘

作　　者：稚子文化
出版策划：齐　郁
项目统筹：郝秋月
选题策划：姜婷婷
责任编辑：姜婷婷
出　　版：吉林出版集团股份有限公司（www.jlpg.cn）
　　　　　（长春市福祉大路5788号，邮政编码：130118）
发　　行：吉林出版集团译文图书经营有限公司
　　　　　（http://shop34896900.taobao.com）
电　　话：总编办 0431-81629909　营销部 0431-81629880/81629881
印　　刷：鸿鹄（唐山）印务有限公司
开　　本：720mm×1000mm 1/16
印　　张：14
字　　数：175千字
版　　次：2019年1月第1版
印　　次：2022年8月第3次印刷
书　　号：ISBN 978-7-5581-4394-6
定　　价：68.00元

印装错误请与承印厂联系　电话：13901378446